普通高等教育高职高专“十三五”规划教材　电气类

模拟电子技术

主编　张弘

中国水利水电出版社
www.waterpub.com.cn
·北京·

内 容 提 要

本教材是普通高等教育高职高专“十三五”规划教材之一，依据高职高专模拟电子技术基础课程教学的基本要求，结合编者多年模拟电子技术实践性教学改革的经验，以加强学生电子电路制作能力为教学目的而编写。全书共8章，包括电子技术的应用、直流稳压电源、三极管及放大电路、负反馈放大电路、集成运算放大器、功率放大电路、信号发生电路、可控整流电路。每章按项目化教学组织教学内容，通过简单实用的电子电路制作与调试，引起学生的学习兴趣，培养学生识图、制作、分析与调试常用模拟电子电路的能力。各章后附有练习题，类型丰富，包括填空题、选择题、计算分析题，便于学生课后复习。

本教材可作为高职高专院校电力类、电子类、电气类等相关专业的教材和教学参考书，也可作为相关专业工程技术人员的技术参考书。

图书在版编目（CIP）数据

模拟电子技术 / 张弘主编. -- 北京 : 中国水利水电出版社, 2017.12(2021.2重印)
普通高等教育高职高专“十三五”规划教材. 电气类
ISBN 978-7-5170-6165-6

Ⅰ. ①模… Ⅱ. ①张… Ⅲ. ①模拟电路－电子技术－高等职业教育－教材 Ⅳ. ①TN710.4

中国版本图书馆CIP数据核字(2017)第326221号

书　名	普通高等教育高职高专“十三五”规划教材　电气类 **模拟电子技术** MONI DIANZI JISHU
作　者	主编　张弘
出版发行	中国水利水电出版社 （北京市海淀区玉渊潭南路1号D座　100038） 网址：www.waterpub.com.cn E-mail：sales@waterpub.com.cn 电话：（010）68367658（营销中心）
经　售	北京科水图书销售中心（零售） 电话：（010）88383994、63202643、68545874 全国各地新华书店和相关出版物销售网点
排　版	中国水利水电出版社微机排版中心
印　刷	北京市密东印刷有限公司
规　格	184mm×260mm　16开本　9.25印张　220千字
版　次	2017年12月第1版　2021年2月第2次印刷
印　数	2001—4000册
定　价	**28.00**元

普通高等教育高职高专“十三五”规划教材之

中高职衔接系列教材

编　委　会

本书编写人员

主　编　张　弘

副主编　彭　情

参　编　林　瑜　郭　梁　陈盛华（中职）

前言 QIANYAN

“模拟电子技术”是电力类、电子类、电气类等专业的一门专业基础课，也是一门实践性很强的课程。根据高职高专学生的特点，本教材按照项目教学法对每章节的内容进行编写，先以常用简单可行的项目案例、培养学生的电子电路分析、制作和调试的专业实践能力，吸引学生的学习兴趣；再用简洁的语言，以必须、够用为原则编排理论内容，让学生清楚、准确地掌握模拟电子技术的基本知识、基本理论和基本技能。

本教材具有以下特色：

（1）章节以一个简易实用的项目制作为开篇，介绍电子电路的组成及功能，学生可以先进行项目制作再完成后续具体理论内容的学习，使学生由简入深地学习该章节的内容。

（2）以必须、够用为原则，每章的理论内容选用“模拟电子技术”中最常用的基本单元电路和典型电路，利用简明的文字阐述工作原理，条理清楚地列清计算方法，使学生能掌握电子电路分析的基本方法，能对电子电路进行定性分析和工程估算。

（3）有些章开始有教学目标，使学生快速明确自己的学习目标；结束有小结，使学生方便检测自己的学习效果；最后有练习题，可以加强学生课后复习的效果。

（4）针对电力专业对电子电路学习的需要，增加了三相可控整流电路的相关内容，其他专业的学生可作为选学内容。

本教材是普通高等教育高职高专“十三五”规划教材之中高职衔接系列教材中的一本，由广西壮族自治区县级中专综合改革帮扶奖补经费项目予以资助。本教材由广西水利电力职业技术学院张弘老师担任主编，负责全书的统稿工作并编写了第5章和第8章；广西水利电力职业技术学院彭情老师担任副主编，并编写了第3章和第6章；广西水利电力职业技术学院林瑜老师编写了第1章和第2章；广西水利电力职业技术学院郭梁老师编写了第4章和第7章；藤县中等专业学校的陈盛华老师参与了本书的编写，并提供了宝贵意见。

由于编者水平有限，时间仓促，教材中会存在一些错漏和不足之处，殷切希望读者批评指正。

编者

2017年10月

目录 MULU

第 1 章

电子技术的应用

1.1 多媒体教室音响系统装接

电子技术是研究电子器件、电子电路和电子系统及其应用的科学技术。本章节通过开展多媒体教室音响系统装接项目，让学生引入电子技术的基本概念及了解其日常应用范围，并对电子技术的发展有大致认识，能够区分模拟电子技术和数字电子技术这两类不同的电信号，本章最后对学习电子技术课程做了方法介绍。

能力目标：

（1）能够自行对多媒体教室或家庭影音室的影视听设备进行安装调试。

（2）了解电子技术课程特点，激发学习电子技术的兴趣，树立学习信心，掌握基本学习方法。

知识目标：

（1）了解多媒体教室音响系统的各器材功能和安装方法。

（2）认识电子技术在日常生活中的广泛应用。

（3）能够区分电子技术的分类，了解其研究内容。

1.1.1 实训目的

通过进行多媒体教室音响系统的装接，熟悉一般电子系统的结构组成以及功能作用；认识声音信号的产生、传递、放大等过程；了解功放机中音量、均衡、混响等旋钮对声音处理和美化的作用；认识多媒体教室音响系统的各器材的功能和接口，掌握音响系统的装接方法。

1.1.2 实训器材

计算机、功放机、无线话筒、音箱。

1.1.3 实训电路

多媒体教室音响系统的装接电路如图 1.1 所示。

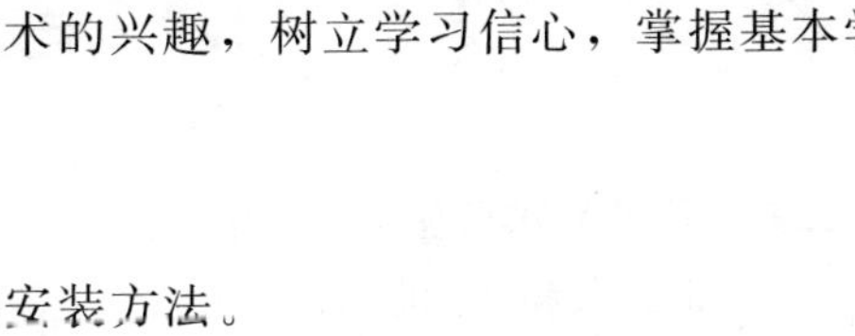

图 1.1 多媒体教室音响系统的装接电路

1.1.4 实训步骤

（1）搜索查找音响系统各器材的功能、I/O 端口。

（2）按图 1.1 进行音响系统连接并通电。

（3）使用无线话筒讲话，聆听音箱播放出的声音。

(4) 使用计算机播放 MP3 音乐，聆听音箱播放出的声音。

(5) 播放 MP3 音乐同时用无线话筒讲话，聆听音箱播放出的声音。

(6) 在步骤 (5) 过程中调节功放机音量旋钮，观察音箱播放出的声音效果。

(7) 在步骤 (5) 过程中调节功放机均衡旋钮，观察音箱播放出的声音效果。

(8) 在步骤 (5) 过程中调节功放机混响旋钮，观察音箱播放出的声音效果。

1.1.5 实训报告要求

(1) 列写各实训器材名称、功能、I/O 端口。

(2) 分析各实验步骤和观察到的效果。

(3) 问题思考：

1) 话筒能够“传话”的机理是什么？

2) 哪个器材将话筒信号与计算机 MP3 音乐信号进行混合？

3) 声音信号是如何传播并得到放大的？

4) 功放机的均衡和混响旋钮使得声音达到了怎样的效果？

(4) 实训总结和心得。

1.2 电子技术的概述

1.2.1 电子技术在生活中的应用

19 世纪末和 20 世纪初，随着真空管和晶体管的发明与应用，人类历史进入了以电子技术发展应用为标志的新时代。进入 21 世纪后，电子技术的迅速发展和广泛应用，更使社会生产力和社会经济获得了空前的发展，并给人们的生活带来了极大的便利性与娱乐性。现今世界电子技术无处不在：国防、科学、工业、医学、通信（信息处理、传输和交流）及文化生活等各个领域都离不开电子技术，计算机、智能手机、家用电器、工厂流水线、交通工具、因特网、机器人、宇宙空间站……毫不夸张地说，我们一天也离不开电子世界。

回顾电子技术发展的历史，我们会看到一批批伟大的科学家，他们用辛勤的汗水、无穷的智慧为我们开启了一个充满无限可能的未来世界。1837 年，莫尔斯经过多年潜心研究，在纽约大学的会议室里架设了 518m 长的导线，获得通报实验成功，电报机由此诞生。1876 年，贝尔呈交电话专利申请，通过将发送端话筒的声音转换为电流信号，再将电流信号输入导线进行远距离传输，最后在接收端的话筒将电流信号“翻译”回声音，人类第一次实现了通过导线进行远距离的通话。1894 年，玛可尼和波波夫同时发明无线电，无发射机和接收机通过天线实现了电磁波信号的无线传递，人类进入无线通信时代。

20 世纪初，弗莱明利用电子管的“阀门”作用研制出了具有单向导电作用的二极管，并将其应用于电信号的检测，不久后，福德福斯特在灯丝和极板之间加入了栅极，从而发明了灵敏度更高，并集检波、放大和振荡三种功能于一体的真空三极管。然而电子管元器件体积大、能耗高、寿命短、制造工艺复杂，为解决这一限制，科学家们不断尝试。在新时代量子物理理论和技术发展的带动下，1947 年，著名的贝尔实验室中诞生了第一个晶体三极管，发明者是布拉丁、巴丁和肖克利。随着时间的推移，晶体管技术不断发展和完善，其体积小、能耗低、寿命长、可靠性高等优点使之逐步取代了电子管。

伴随半导体技术的进步，人类又迎来了集成电路的时代，现代通信技术、广播电视技术、计算机技术等得到了突飞猛进的发展。尤其是计算机、智能手机的迅速传播，人们进入了信息技术时代，网络技术使得全人类资源共享、信息交流变成了现实。如今电子技术产品已经不再是奢侈品，反而随着科技的发展，它的价格降得越来越低，性能却不断提高，就像摩尔定律里描述的：当价格不变时，集成电路上可容纳的元器件的数目，约每隔18～24个月便会增加1倍，性能也将提升1倍。换言之，每1美元所能买到的电脑性能，将每隔18～24个月翻1倍以上。这一定律揭示了电子技术进步的速度。

飞速发展的电子技术不仅推动的社会生产力的发展，并且间接地给社会经济创造更多的财富，电子技术的应用使人们的工作生活方式发生了巨大的变化，对人类文明和发展产生了非常深刻的影响。当下在国家号召“大众创业、万众创新”“节能减排、保护环境”“资源再生、绿色生态”的背景下，我们应学好用好电子技术，为这些目标的实施创造更好的条件与更高的效率。

1.2.2 电子技术的研究内容及分类

电子技术的研究内容从表现上来看是研究电子器件及其构成的电路功能，从根本上来说是对电子信号进行处理的技术，处理的方式主要有：信号的发生、放大、滤波、转换等。电子技术包括模拟（Analog）电子技术和数字（Digital）电子技术。

在时间和数值上都是连续变化的信号称为模拟信号，例如图1.2中的正弦波信号。电话、广播、音响设备中传送声音信息的音频电信号，摄像机、录像机、电视设备中传送图像信息的视频电信号，自然界中存在的大部分物理参数，如温度、压力、速度、流量等都属于模拟信号。模拟信号为模拟电子技术研究的范畴。在时间和数值上为离散变化的信号称为数字信号，例如图1.3中的方波信号。数字信号只有两个对立的状态，分别用0（低电平）和1（高电平）来表示。灯泡的亮和灭、汽车的开与停，考试的合格和不合格等事件或现象，均可划归为数字信号。数字信号为数字电子技术研究的范畴。

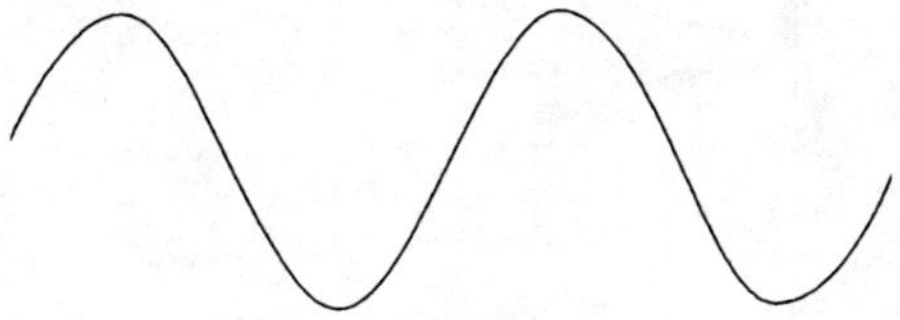

图1.2 正弦波信号

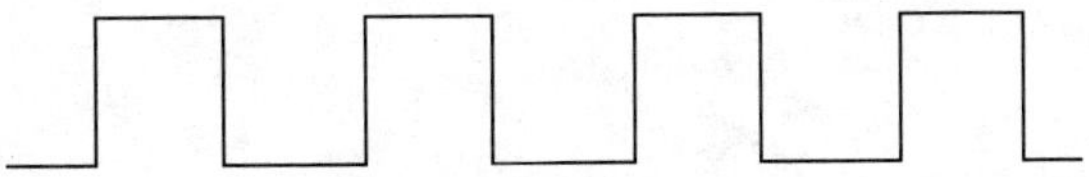

图1.3 方波信号

模拟电子技术主要研究模拟信号的放大、运算、比较、振荡、滤波、整流等过程，数字电子技术主要研究数字信号的编码、译码、数据分配、数据选择、加法、比较、寄存和计数等运算，但两者并不是绝对对立的。由于数字信号更易于保存和传输、抗干扰能力强，加之计算机技术的迅猛发展，如今采用数字方式处理模拟信号已经成为主流。先通过模数转换器将模拟量转换成计算机能够识别的数字量，经过计算机处理后的数字量再用数模转换器转成相应模拟量，这种转换计算的方式更灵活、高效，现今的智能手机、数码相机、数字电视都是这样的处理方式。

1.2.3　电子技术课程的任务及学习方法

电子技术课程研究的对象是电子器件以及由电子器件构成的各种基本功能电路，《模拟电子技术》课程的任务是在介绍常用半导体器件的基础上，以模拟信号为主线，研究各种模拟电子电路的工作原理、特点及性能指标。通过模拟电子电路的学习，使学生能够对一般性的、常用的电子电路进行分析，能对简单的电子电路进行设计，培养一定的分析问题和解决问题的能力，为学习后续相关电力类课程奠定基础。

在学习模拟电子技术时，把握课程规律、掌握与之相适应的学习方法往往能使我们事半功倍。现今元器件和集成电路的制造水平日新月异、原理复杂，在认识和运用电子器件或集成芯片时重点学习其外部管脚特性、应用场合，对其内部机理可做“黑箱”处理。技术类课程通常强调突出主要矛盾、忽略次要矛盾，简化复杂问题，因此可采取工程近似方法进行分析和计算，不需过分“苛求”精准结果。模拟电子技术研究的范畴包含大量的非线性器件和参数，一定条件下可用近似等效办法处理成线性参数进行计算。为更直观、形象地分析全局，确定动态范围或把握变化趋势，学习中注意图解法的运用。由于实际的电子电路性能受多种因素的影响，单靠理论分析和计算不能解决工程问题，必须在实际应用中进行测试和调整，才能保证电路的性能指标达到设计要求。

总体来说，模拟电子技术适宜采用“定性分析、定量估计、实验调整”的方法进行学习。

第 2 章

直 流 稳 压 电 源

电子电路一般需要稳定的直流电源才能正常工作，几乎所有的家用电器、电子设备都需要稳定的直流电源供电。日常生活中常见的稳定直流电源有干电池、蓄电池等，但光用这种类型的直流电源提供直流电并不能满足所有场合（尤其是功率较大的场合），且不符合经济环保的要求。一般电子设备最常用的稳定直流电源是通过把交流电源经过变压、整流、滤波、稳压四个环节后获得的，本项目学习直流电源制作的四个环节以及相关电路元器件。

能力目标：

（1）学会选择用于制作直流稳压电源的电子元器件，使之参数满足调试要求。

（2）学会用万用表检测直流稳压电路的元器件，判断其好坏。

（3）能够完成直流稳压电源的设计、安装和调试，并能测定其输出参数。

知识目标：

（1）了解半导体特性，掌握 PN 结的结构，二极管的单向导电性和伏安特性曲线。

（2）熟悉直流稳压电源电路中元器件的特点、作用。

（3）掌握直流稳压电源的组成（整流电路、滤波电路和稳压电路）及工作过程。

（4）了解集成三端稳压芯片的基本应用方法。

2.1　直流稳压电源的制作与调试

2.1.1　实训目的

通过进行直流稳压电源的制作，熟悉万用表、示波器等仪器的使用；了解一般电子电路板的制作过程及工艺要求；掌握直流稳压电源工作电路元器件的选择及检测方法、集成稳压芯片的型号选择与管脚意义、典型应用电路等；掌握直流稳压电源电路输出电压的测试与调节方法。

2.1.2　实训器材

选择电子电路中元器件，首先要满足电路的技术质量要求，其次在众多厂家、多种型号的产品中，元器件选择也具有灵活性和可变性。本课题的集成稳压器选用 LM317 或与其功能相同的其他型号（如 KA317 等）；变压器可以选择一般常见的 9～12V 的小型便携变压器；二极管选择典型整流管 1N4001～1N4007 即可；电容器 1 选择耐压大于 16V、容量 470～2200μF 的电解电容均可。注意学习瓷片电容的容量读数：前两位数表示容量的两位有效数字，第三位表示倍率，如果第三位数字为 N，则它的容量为前两位数字乘以

10 的 N 次方，单位为 pF。例如电容器 2 的选用容量为 $10\times10^4=100000\text{pF}=0.1\mu\text{F}$，即选用普通的瓷片电容即可。电容器 3 的选择类似于电容器 1。电阻选用 1/8W 的小型电阻。

本实训所需的元件清单见表 2.1。

表 2.1　　　　　　　　　　　　**元　件　清　单**

编　　号	名　　称	型　　号	数　　量	LM317 外形图
$VD_1\sim VD_5$	二极管	1N4007	5	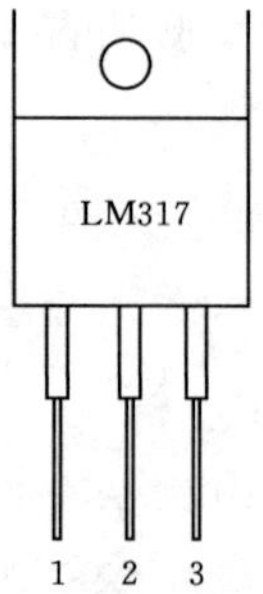
T_1	变压器	3W,9V	1	
C_1	电解电容	25V,470μF	1	
C_2	瓷片电容	0.1μF	1	
C_3	电解电容	16V,100μF	1	
IC	三端稳压集成电路	LM317T	1	
R_1	电阻	470Ω	1	
R_2	电阻	150Ω	1	
R_{P1}	可调电阻	200Ω	1	
	保险管	0.5A	1	

2.1.3　实训电路

直流稳压电源电路如图 2.1 所示。变压器一次侧输入的是工频交流电压，经变压后从二次线圈感应出约 9V 的交流电压送到由 4 个二极管组成的桥式整流电路，经过整流电路使得交流电变换成脉动直流电（即电压方向保持不变，但大小时刻在变），经过 C_1 滤波电路后得到比较稳定的直流电送达三端稳压集成电路 LM317 的 Vin 端（3 脚）。

因为 LM317 具有这样的特性：由 Vin 端给它提供工作电压以后，它便可以保持其＋Vout端（2 脚）比其 ADJ 端（1 脚）的电压高 1.25V。因此，只需要用极小的电流来调整 ADJ 端的电压，便可在＋Vout 端得到比较大的电流输出，并且电压比 ADJ 端高出恒定的 1.25V。同时，还可以通过调整可调电阻 R_{P1} 的抽头位置来改变输出电压的大小。

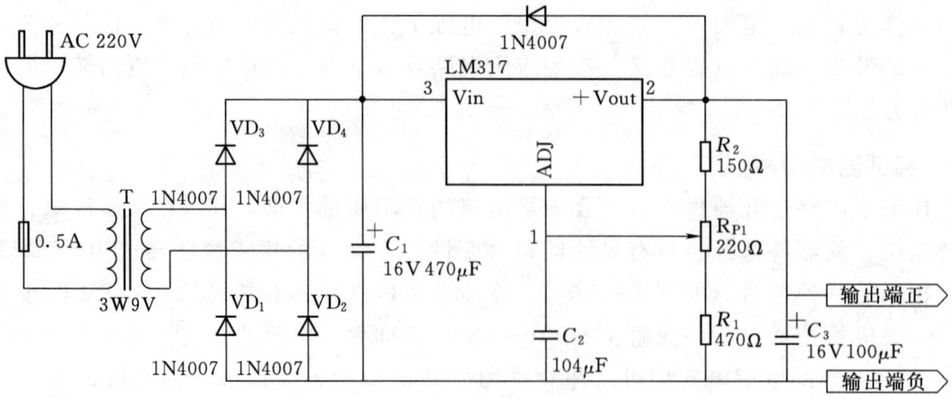

图 2.1　直流稳压电源电路图

此外，电路中 C_2 的作用是对 LM317 芯片 1 脚的电压进行小小的滤波，以提高输出电压的质量。VD_5 的作用是当有意外情况使得 LM317 的 3 脚电压比 2 脚电压还低的时候，防止从 C_3 上有电流倒灌入 LM317 引起其损坏。

2.1.4 实训步骤

（1）调整仪器仪表，检测各元器件的质量。

（2）按图 2.1 的电路图正确焊接元器件及线路。

（3）用示波器观察整流电路、滤波电路、稳压电路的输出电压波形并记录。

（4）用万用表测量整流电路、滤波电路、稳压电路的输出电压值并记录。

注意事项：装配时要重点察看二极管的极性和 LM317 芯片的管脚。接通电源后用万用表测量 C_1 两端，约有 11V 左右的电压；测 C_3 两端，约有 2～7V 的电压。调节 R_{P1}，C_3 两端的电压有改变，调节到所需输出电压即可。

扩展应用：LM317 的输出电压可以从 1.25V 连续调节到 37V。其输出电压计算方法如下：

输出电压＝1.25×（1＋ADJ 端到地的电阻/ADJ 端到＋Vout 端的电阻）

如果你需要其他的电压值，即可自选改变有关电阻的阻值来得到。值得注意的是，LM317 有一个最小负载电流的问题，即只有负载电流超过某一值时，它才能起到稳压的作用。这个电流随器件的生产厂家不同在 3～8mA 不等，其可以通过在负载端接一个合适的电阻来解决。

2.1.5 实训报告

（1）绘制实验原理图，分析直流稳压电源各个部分的功能。

（2）整理实验数据，在各部分端口测量到的电压大小，进行定性分析和定量计算。

（3）思考扩展应用中提出的问题。

2.2 半导体二极管

2.2.1 二极管的结构与导电特性

2.2.1.1 半导体的特性和分类

半导体是指导电性能介于导体与绝缘体之间的材料，其独特的性能使之成为电子元器件制造的重要材料。常见的半导体材料有硅、锗、砷化镓等。

（1）在纯净的半导体中适当地掺入一定种类的极微量的杂质，半导体的导电性能就会成百万倍的增加。这是半导体最显著、最突出的特性，称为“杂敏性”，晶体管就是利用这种特性制成的。

（2）当环境温度升高一些时，半导体的导电能力就显著地增加；当环境温度下降一些时，半导体的导电能力就显著地下降。这种特性称为“热敏性”，热敏电阻就是利用半导体的这种特性制成的。

（3）当有光线照射在某些半导体时，这些半导体就像导体一样，导电能力很强；当没有光线照射时，这些半导体就像绝缘体一样不导电，这种特性称为“光敏性”。例如，用作自动化控制用的“光电二极管”“光电三极管”和光敏电阻等，就是利用半导体的光敏特性制成的。

半导体可分为本征半导体和杂质半导体，本征半导体是指完全纯净的、晶体结构完整的半导体，在本征半导体中掺入某些微量元素（例如三价或五价元素）作为杂质，由“杂敏性”可知半导体的导电性发生显著变化，掺入杂质的本征半导体称为杂质半导体。

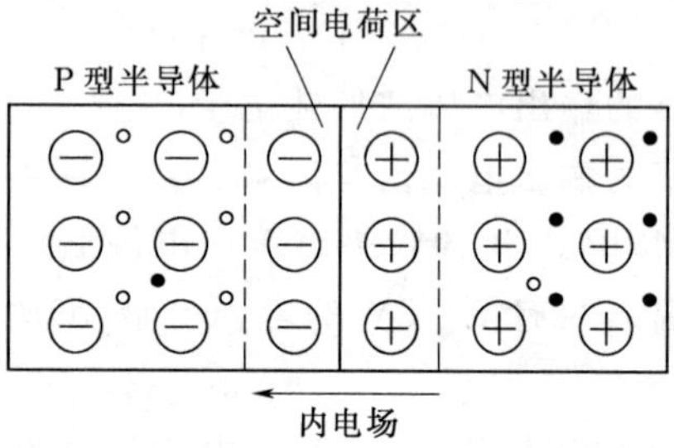

图 2.2　PN结形成

2.2.1.2　PN结的形成和单向导电性

将P型半导体与N型半导体制作在同一块半导体基片上，在它们的交界面就形成空间电荷区称为PN结，如图 2.2 所示。在P型半导体和N型半导体结合后，由于N型区内自由电子为多子、空穴几乎为零称为少子，而P型区内空穴为多子、自由电子为少子，在它们的交界处就出现了电子和空穴的浓度差。由于自由电子和空穴浓度差的原因，有一些电子从N型区向P型区扩散，也有一些空穴要从P型区向N型区扩散。它们扩散的结果就使P区一边失去空穴，留下了带负电的杂质离子，N区一边失去电子，留下了带正电的杂质离子。开路中半导体中的离子不能任意移动，因此不参与导电。这些不能移动的带电粒子在P区和N区交界面附近，形成了一个空间电荷区，空间电荷区的薄厚和掺杂物浓度有关。

1. PN结外加正向电压

如图 2.3 所示，PN结P端接高电位，N端接低电位，称为PN结外加正向电压，或称为PN结正向偏置，简称为正偏。外电场将使N区的少数载流子空穴向P区漂移，使P区的少数载流子电子向N区漂移，漂移运动的方向正好与扩散运动的方向相反。从N区漂移到P区的空穴补充了原来交界面上P区所失去的空穴，从P区漂移到N区的电子补充了原来交界面上N区所失去的电子，这就使空间电荷减少，内电场减弱。因此，漂移运动的结果是使空间电荷区变窄，扩散运动加强，导电性变好，PN结处于导通状态。

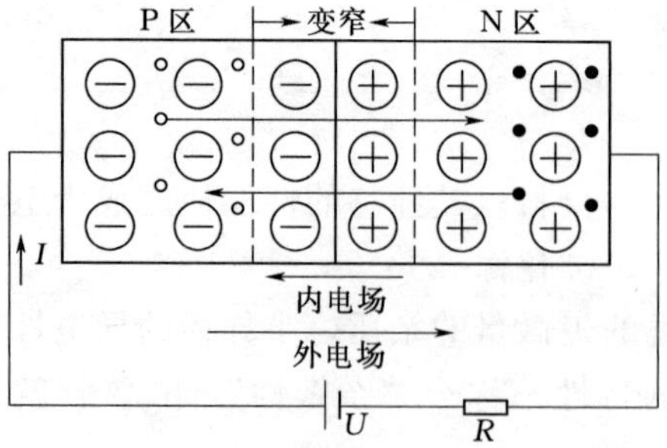

图 2.3　PN结外加正向电压

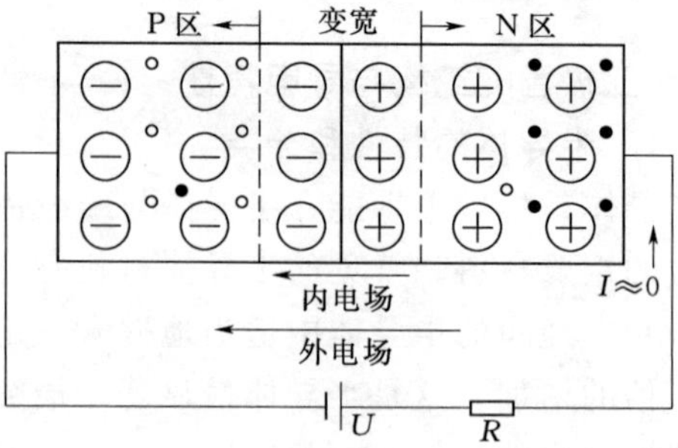

图 2.4　PN结外加反向电压

2. PN结外加反向电压

如图 2.4 所示，PN结P端接低电位，N端接高电位，称为PN结外加反向电压，或称为PN结反向偏置，简称为反偏。此时内电场的方向是从带正电的N区指向带负电的P区，其与载流子扩散运动的方向相反，空间电荷区变宽，扩散运动变弱，导电性变差，

PN结处于截止状态。

3. PN结的单向导电性

PN结外加正向电压时处于导通状态，外加反向电压时处于截止状态，即PN结具有单向导电性。

2.2.1.3 二极管的结构及符号

将PN结两端分别引出两根金属导线并用管壳封装，就制成二极管。其中P引线区称为阳极或正极，其中N引线区称为阴极或负极。二极管的结构外形及符号如图2.5所示，箭头指向为正向导通电流方向。

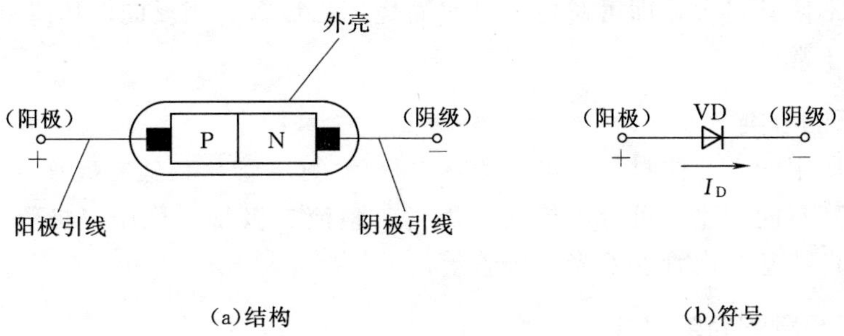

图2.5 二极管的结构外形及符号

2.2.1.4 二极管的导电特性

从半导体二极管的结构图可知，其由一个PN结构成。因PN结具有单向导电性，所以二极管也具有单向导电性，即二极管外加正向电压时导通，外加反向电压时截止。

2.2.2 二极管的伏安特性曲线

二极管的性能可用伏安特性来描述。在二极管两端加电压U，然后测出流过二极管的电流I，U与I之间的关系即是二极管的伏安特性曲线，如图2.6所示（图中虚线为锗管的伏安特性，实线为硅管的伏安特性）。

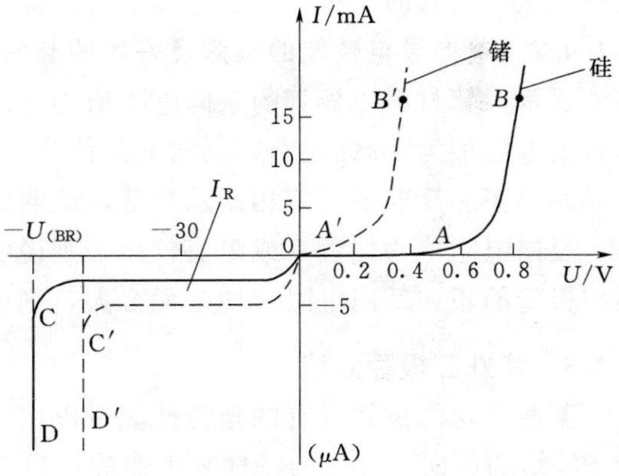

图2.6 二极管的伏安特性曲线

2.2.2.1 正向特性

伏安特性曲线右半部分称为正向特性，由图2.6可见，初始加在二极管上的正向电压较小时，正向电流也很小，几乎等于零。当二极管两端正向电压超过某一数值U_{on}时，正向电流才明显增大。将U_{on}称为死区电压。死区电压与二极管的材料有关。一般硅二极管的死区电压为0.5V左右，锗二极管的死区电压为0.1V左右。

当正向电压超过死区电压U_{on}后，随着电压的升高，正向电流将迅速增大，电流与电压的关系基本上是一条指数曲线。由正向特性曲线可见，流过二极管的电流有较大的变化，二极管两端的电压却基本保持不变（锗管约为0.3V，硅管约为0.7V），称为二极管的正向压降。

二极管正向导通时，要特别注意它的正向电流不能超过最大值，否则将烧坏 PN 结。

2.2.2.2 反向特性

伏安特性曲线左半部分称为反向特性，由图 2.6 可见，当二极管加反向电压，反向电流很小，而且反向电流不再随着反向电压增大而增大，即达到了饱和，这个电流称为反向饱和电流，用符号 I_R 表示。

2.2.2.3 反向击穿特性

如果反向电压继续升高，当超过 U_{BR} 以后，反向电流急剧增大，这种现象称为击穿，U_{BR} 称为反向击穿电压。击穿后不再具有单向导电性。当反向击穿后，只要注意控制反向电流的数值，不使其过大，即可避免因过热而烧坏二极管。当反向电压降低后，二极管性能仍可能恢复正常。

2.2.3 二极管的分类

（1）按照所用的半导体材料，可分为锗二极管（Ge 管）和硅二极管（Si 管）。

（2）根据其不同用途，可分为检波二极管、整流二极管、稳压二极管、开关二极管、隔离二极管、肖特基二极管、发光二极管等。

2.2.4 普通二极管的简单测试

2.2.4.1 极性的判别

将万用表置于 $R\times100\Omega$ 挡或 $R\times1k\Omega$ 挡，两表笔分别接二极管的两个电极，测出一个结果后，对调两表笔，再测出一个结果。两次测量的结果中，有一次测量出的阻值较大（为反向电阻），一次测量出的阻值较小（为正向电阻）。在阻值较小的一次测量中，黑表笔接的是二极管的正极，红表笔接的是二极管的负极。

2.2.4.2 单向导电性能的检测及好坏的判断

通常，锗材料二极管的正向电阻值为 1kΩ 左右，反向电阻值为 300Ω 左右。硅材料二极管的电阻值为 5 kΩ 左右，反向电阻值为∞（无穷大）。正向电阻越小越好，反向电阻越大越好。正、反向电阻值相差越悬殊，说明二极管的单向导电特性越好；若测得二极管的正、反向电阻值均接近 0 或阻值较小，则说明该二极管内部已击穿短路或漏电损坏；若测得二极管的正、反向电阻值均为无穷大，则说明该二极管已开路损坏。

2.2.5 特殊二极管介绍

某些特殊二极管具有的独特性能可以用于实现电路功能需求，例如，稳压二极管是利用 PN 结的反向击穿区的特性来工作的；发光二极管（LED）能把电能转换为光能，实现照明、指示等功能；光电二极管也称为光敏二极管，其可将光信号转变为电信号，常用于自动控制的光/电检测元件。

2.2.5.1 稳压二极管

稳压二极管是一种特殊的面接触型二极管，其符号和伏安特性曲线如图 2.7 所示，它的正向特性曲线与普通二极管相似，而反向击穿特性曲线很陡。正常情况下，稳压二极管工作在反向击穿区，由于曲线很陡，反向电流在很大范围变化时，端电压变化很小，因而具有稳压作用。只要反向电流不超过其最大稳定电流，就不会形成破坏性的热击穿。因此，在电路中应与稳压二极管串联适当阻值的限流电阻。

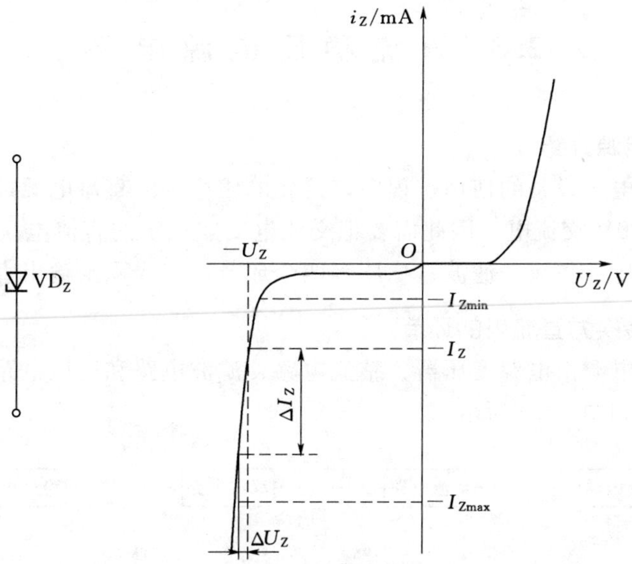

(a)符号 (b)伏安特性曲线

图 2.7 稳压二极管的符号及伏安特性曲线

稳压二极管的电压应用电路如图 2.8 所示，其中 R 为限流电阻。

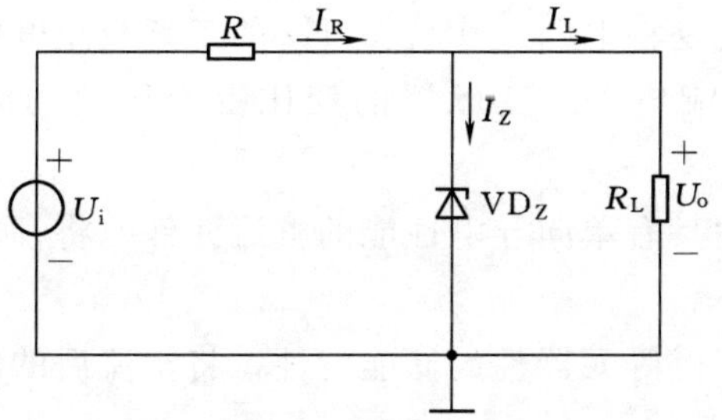

图 2.8 稳压二极管的电压应用电路图

(a)发光二极管 (b)光电二极管

图 2.9 其他特殊二极管符号

2.2.5.2 发光二极管

发光二极管符号如图 2.9（a）所示，是一种通以正向电流就会发光的二极管，它用某些自由电子和空穴复合时就会产生光辐射的半导体制成，采用不同材料，可发出红、橙、黄、绿、蓝色光。发光二极管的伏安特性与普通二极管相似，不过它的正向导通电压大于 1V，同时发光的亮度随通过的正向电流增大而增强，工作电流为几毫安到几十毫安，典型工作电流为 10mA 左右，发光二极管的反向击穿电压一般大于 5V，但为使器件可靠工作，应使其工作电压在 5V 以下。

2.2.5.3 光电二极管

光电二极管的结构与普通二极管类似，符号如图 2.9（b）所示。使用时，光电二极管 PN 结工作在反向偏置状态，在光的照射下，反向电流随光照强度的增加而上升（这时的反向电流称为光电流），所以，光电二极管是一种将光信号转变为电信号的半导体器件。

2.3　直流稳压电源电路

2.3.1　直流稳压电源介绍

在家用电器和电子设备的使用过程中，需要电压稳定的直流电源进行供电，但是电力网提供家庭的是 220V 交流电，因此需要把交流电变成稳定的直流电。直流稳压电源是一种将交流电经过变压、整流、滤波、稳压等四个环节，变成稳定输出直流电压的装置。

2.3.2　将交流电转换为直流电的环节

线性直流稳压电源由电源变压器、整流电路、滤波电路和稳压电路四部分组成，每环节的电压波形变化如图 2.10 所示。

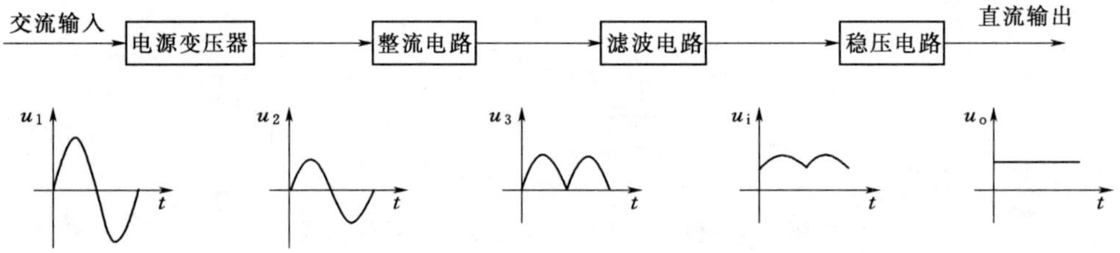

图 2.10　直流稳压电路的组成框图

(1) 电源变压器。电源变压器的任务就是将电网 220V、50Hz 的工频交流电压变换成符合需要的、幅值较小的电压，并送入整流电路。变压器的变比由变压器的副边电压决定。

(2) 整流电路。整流电路的目的是使用具有单向导电性能的整流元件，将幅值较小的正弦交流电压整流成为单方向的脉动电压。

(3) 滤波电路。滤波电路利用电容、电感等元器件的储能特性，将整流后的脉动直流电变为较平滑的直流电。

(4) 稳压电路。稳压电路的功能是使输出的直流电进一步稳定，不随交流电网电压和负载的大小改变而变化。

2.3.3　单相半波整流电路

单相半波整流电路及其波形如图 2.11 所示。

变压器二次绕组电压 u_2 处于正半周时，二极管导通，其流通途径为 $u_{2+} \rightarrow u_D \rightarrow R_L \rightarrow u_{2-}$。此时二极管路段电压只有很小的一点正向压降，即 $u_D=0$。负载的电流与二极管的电流相等 $i_o=i_D$，电压等于电源电压 $u_o \approx u_2$。变压器二次绕组电压 u_2 处于负半周时，二极管截止，电流几乎为零（仅有很小的反向截止电流），负载电压为零。二极管两端电压 $u_o \approx u_2$。其电压电流波形如图 2.10 所示，此时输出的直流电压 U_o 为

$$U_o=\frac{1}{2\pi}\int_0^{2\pi} U_{m2}\sin(\omega t)\mathrm{d}(\omega t)=\frac{\sqrt{2}}{\pi}U_2=0.45U_2 \tag{2.1}$$

流过二极管的平均电流为

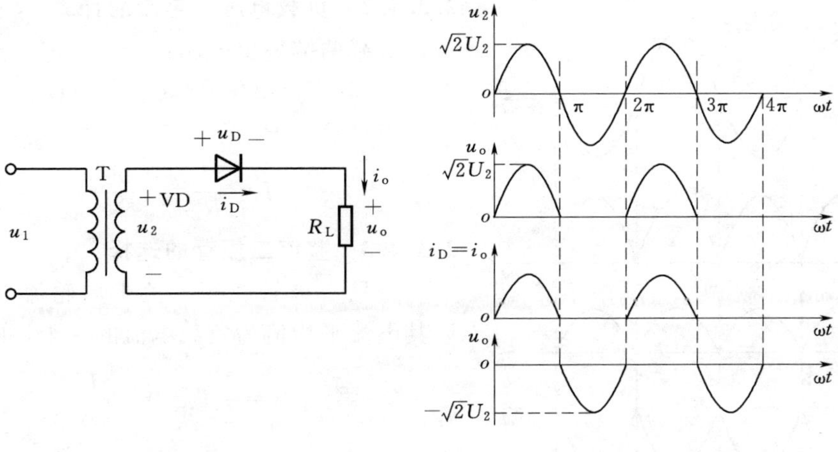

(a)电路图　　　　(b)波形图

图 2.11　单相半波整流电路及其波形图

$$I_D = I_o = \frac{U_o}{R_L} = 0.45\frac{U_2}{R_L} \tag{2.2}$$

二极管所承受的最高反向工作电压为

$$U_{RM} = U_{2m} = \sqrt{2}U_2 \tag{2.3}$$

单项半波整流电路简单，但其输出电压波动较大，适用于对电压要求不高的场合。

2.3.4　单相桥式整流电路

单相桥式全控整流电路采用四只二极管 VD_1、VD_2、VD_3、VD_4，其中 VD_1、VD_2 接成共阴极，VD_3、VD_4 接成共阳极，构成桥形电路，每一只二极管是一个桥臂，如图 2.12 所示。在四个顶点中，不同极性点接入变压器二次绕组，同极性点入直流负载。

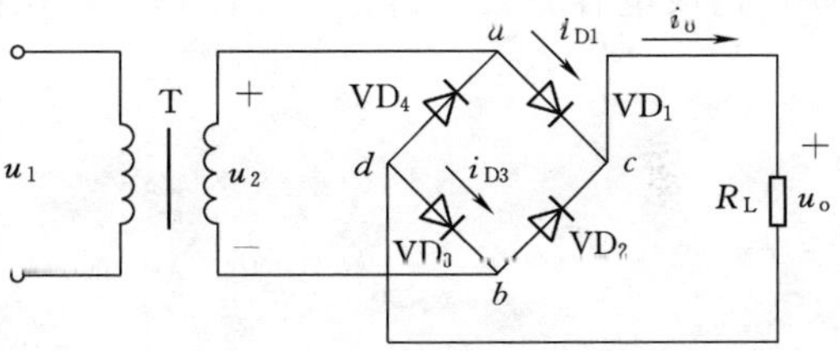

图 2.12　单相桥式整流电路图

2.3.4.1　工作过程解析

设变压器二次绕组电压 $u_2 = \sqrt{2}U_2\sin\omega t$，当 u_2 处于正半周时，a 端电压极性为正，b 端为负。二极管 VD_1、VD_3 正偏导通，VD_2、VD_4 反偏截止。其导通途径为 $u_{2+}\rightarrow a\rightarrow VD_1\rightarrow c\rightarrow R_L\rightarrow d\rightarrow VD_3\rightarrow b\rightarrow u_{2-}$。此时，负载 R_L 上电流方向自上而下；因二极管正向压降很小，则输出电压为 $u_o \approx u_2$。

u_2 处于负半周时，b 端电压极性为正，a 端为负。二极管 VD_2、VD_4 正偏导通，VD_1、VD_3 反偏截止。其导通途径为 $u_{2-}\rightarrow b\rightarrow VD_2\rightarrow c\rightarrow R_L\rightarrow d\rightarrow VD_4\rightarrow a\rightarrow u_{2+}$。同样，负载 R_L 上电流方向自上而下；忽略二极管压降，输出电压 $u_o \approx -u_2$。

由此可见，单相桥式全控整流电路巧妙地利用二极管的单向导电性，将其分为两个轮流导通组，无论交流电压 u_2 处于正半周或处于负半周，电压电流都以同一个方向流过 R_L，从而达到整流的效果。整流电路负载上得到脉动的直流电压 u_o 和流过二极管的电流及其截止时两端电压波形如图 2.13 所示。

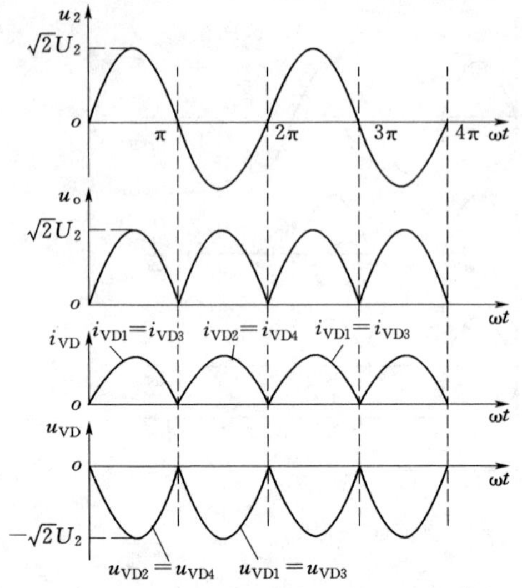

图 2.13　桥式整流电路的电流、电压波形图

2.3.4.2　负载电压、电流的计算

负载两端输出电压：

$$U_o = 2\times 0.45U_2 = 0.9U_2 \qquad (2.4)$$

流过负载 R_L 的电流：

$$I_o = \frac{U_o}{R_L} = \frac{0.9U_2}{R_L} \qquad (2.5)$$

2.3.4.3　整流二极管的选择

每只二极管在正、负半周轮流导通，所以其电流平均值为负载电流的一半，即

$$I_D = \frac{1}{2}I_o = 0.45\frac{U_2}{R_L} \qquad (2.6)$$

二极管最高反向工作电压为其截止时所承受的反向峰压：

$$U_{RM} = \sqrt{2}U_2 \qquad (2.7)$$

2.3.5　滤波电路

滤波电路作用是将整流后的脉动直流电变为较平滑的直流电。

2.3.5.1　电容滤波电路

如图 2.14（a）所示，在整流电路的基础上，将一个容值较大的电容 C 与负载电阻 R_L 并联，构成电容滤波电路。工作原理可根据图 2.14（b）中电压电流的波形进行分析。

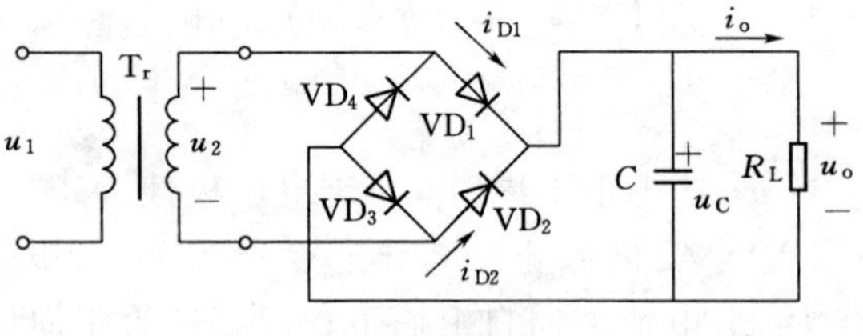

(a) 电路图

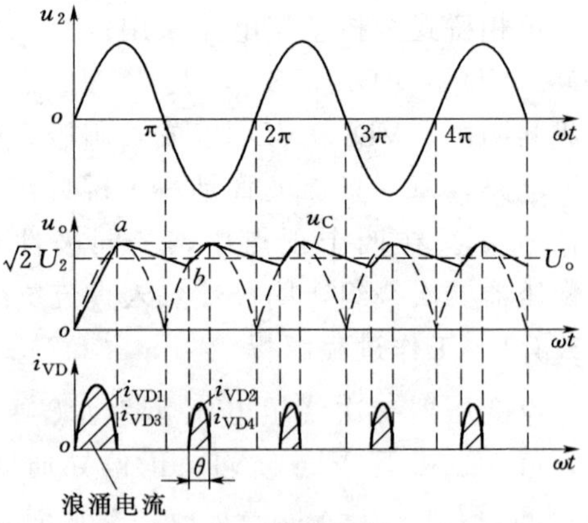

(b) 波形图

图 2.14　桥式整流电容滤波电路原理图及其电压电流波形示意图

设电容初始电压为零，并在 $t=0$ 时刻接通电源。U_2 在上升的过程中对电容进行充电，其充电电压为 $u_C=u_o\approx u_2$，如图 2.14（b）中电压波形的 oa 段。当 u_2 达到最大时 u_C 亦最大，即在电压波形的 a 点处，充电结束。此后因 $u_C>u_2$，则整流输出结束，电容经负载电阻 R_L 放电，即此时的负载电流由电容器放电获得。放电的快慢由时间常数 $\tau=R_LC$ 决定；放电的过程按指数规律下降，如图 2.14（b）中电压波形的 ab 段。电容两端电压的变化速度相对电源电压变化的速度更慢些。因此，在 u_2 的负半周，当满足

$|u_2|>u_C$时，二极管 VD_2、VD_4 导通，电容器 C 将再次被充电，直至 u_2 的峰值，充电结束。

如此反复充放电，在负载端就得到一纹波系数较小的锯齿波电压，由图可知经滤波后的输出电压的平均值增大了。

滤波电路中的参数计算：在电源电压一定时，输出电压的高低将取决于时间常数 τ。

当 R_L 开路时，$\tau\to\infty$，因此 $U_o\approx\sqrt{2}U_2$，若满足条件 $R_LC\geqslant(3\sim5)\dfrac{T}{2}$（$T$ 为电源电压周期）时，可知输出电压与变压器二次绕组电压关系为 $U_o\approx1.2U_2$。

整流电路部分二极管的选择是有要求的：只有在 $|u_2|>u_C$ 的条件下二极管才能导通，导通后在负载功率不变的条件下，将会在二极管上形成较大的冲击电流即浪涌电流，二极管电流公式为

$$I_D=(2\sim3)I_o \tag{2.8}$$

适用场合：输出电压的平滑度随负载电阻大小的变化而变化，负载电阻越大滤波效果越好，输出越稳定；反之输出电压波动就大。因而电容滤波电路常用于负载变化不大的小电流整流场合。

2.3.5.2 其他类型滤波电路

1. 电感滤波电路

电感元件和电容元件一样具有一定的储能特性，其特点是对交流电具有感抗作用。因此，当负载电流变化越大，电感滤波的效果就越好。一般适用于低电压、大功率的负载。电感滤波电路如图 2.15（a）所示。

2. π 型滤波电路

π 型滤波电路分为 RCπ 型滤波电路和 LCπ 型滤波电路，LCπ 型滤波电路如图 2.15（b）所示。一般情况下，对于大功率负载，通常选用 LC 滤波电路；小容量负荷一般选用 RC 滤波电路。

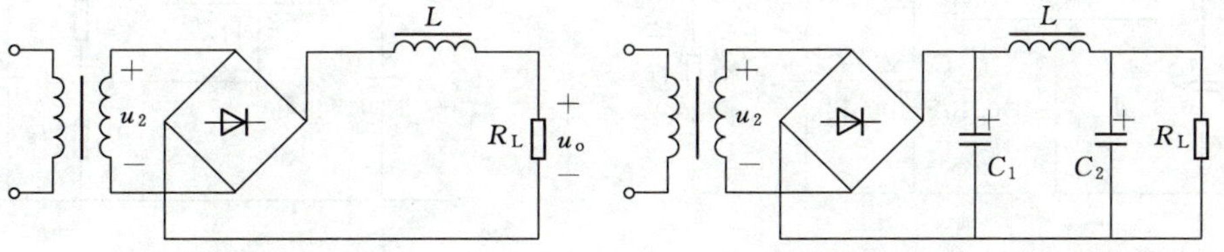

(a) 电感滤波电路　　(b) LCπ 型滤波电路

图 2.15　电感滤波、LCπ 型滤波电路

2.3.6 集成稳压电路

集成稳压器包含线性集成稳压器、开关式集成稳压器两个大类。而线性集成稳压器由于其具有稳压性能好、输出纹波电压小、电路简单和成本低廉等优点被广泛应用。常用的线性集成稳压器多为三端式稳压器，分为固定输出集成三端稳压器和可调输出集成三端稳压器。

2.3.6.1 三端固定输出集成稳压器

三端固定输出集成稳压器主流产品有 CW7800 系列（输出正电压）和 CW7900 系列

（输出负电压）。型号的意义为：①CW 表示中国制造稳压器；②78 或 79 表示输出电压极性，78 为输出正电压，79 为输出负电压；③78 或 79 后面所加的字母表示额定输出电流，L 表示 0.1A，M 表示 0.5A，无字母表示 1.5A；④最后的两位数字表示输出额定电压。如 CW7805 表示输出电压为＋5V，额定电流为 1.5A。三端固定输出集成稳压器外形、封装形式和管脚排列如图 2.16 所示。

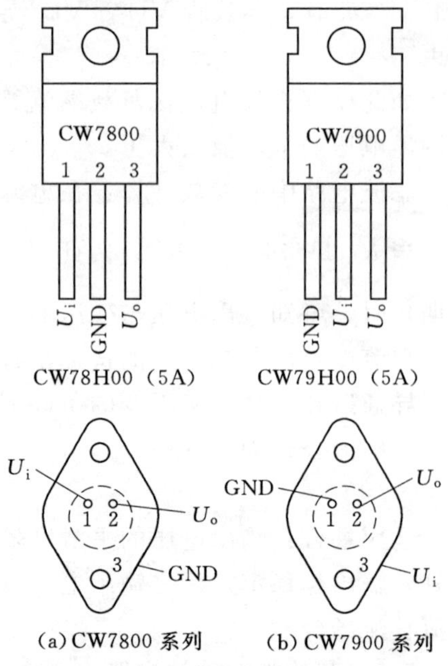

图 2.16　三端固定输出集成稳压器外形、封装形式和管脚排列

（1）典型应用电路。CW7800 系列的典型应用电路，如图 2.17 所示。该电路的输出电压为 12V，最大输出电流为 1.5A。

为使电路能正常工作，对各元器件有如下要求：①输入电压 U_i 应比输出电压 U_o 至少大 2.5～3V；②电容器 C_1，一般取 0.1～1μF，其作用是抵消长接线时的电感效应，防止自激振荡，抑制电源侧的高频脉冲干扰；③输出端电容 C_2、C_3，可改善负载的瞬态响应，具有消除高频噪声及振荡的作用；④VD为保护二极管，用来防止在输入端短路时大电容 C_3 通过稳压器放电而损坏器件。（2）提高输出电压的电路。如图 2.18 所示，U_{XX} 为 78 系列稳压芯片的固定电压输出，改变电阻 R_1 与 R_2 比值，就可改变输出电压 U_o 的大小。但若输入电压 U_i 发生变化，I_Q 也要变化，稳压器的精度将受影响。

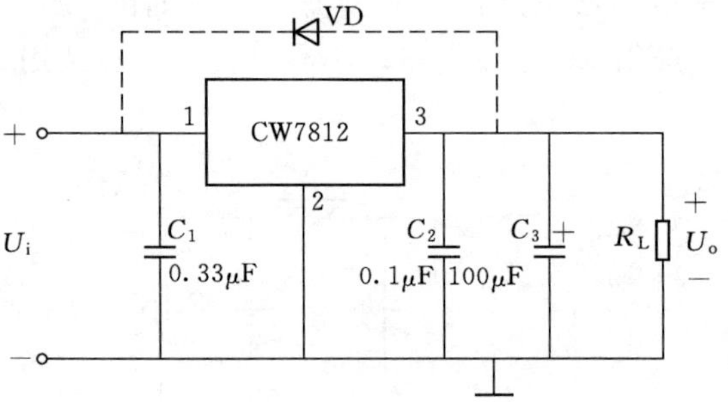

图 2.17　CW7800 系列的典型应用电路

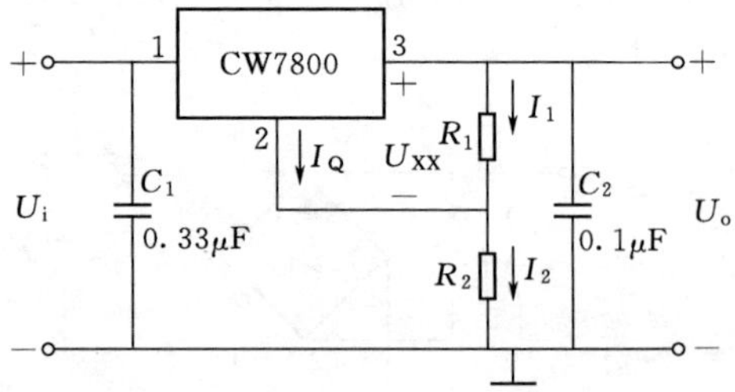

图 2.18　提高输出电压的电路

（3）输出正、负电压的电路。图 2.19 为采用 CW7815 和 CW7915 两块三端稳压器所组成的、可同时输出＋15V、－15V 电压的稳压电路。

2.3.6.2　三端可调输出集成稳压器

三端可调输出集成稳压器输出电压可调，稳压精度高、输出纹波小，只需外接两只不同的电阻，即可获得各种输出电压。主流产品有：CW117/CW217/CW317（输出正电压）系列和 CW137/CW237/CW337（输出负电压）系列。其额定电流的标示和 78、79 系列一样，也是在序列号后用字母标注。其直插式塑封管脚排列如图 2.20 所示，除输入/输出端外，ADJ 为调整端。

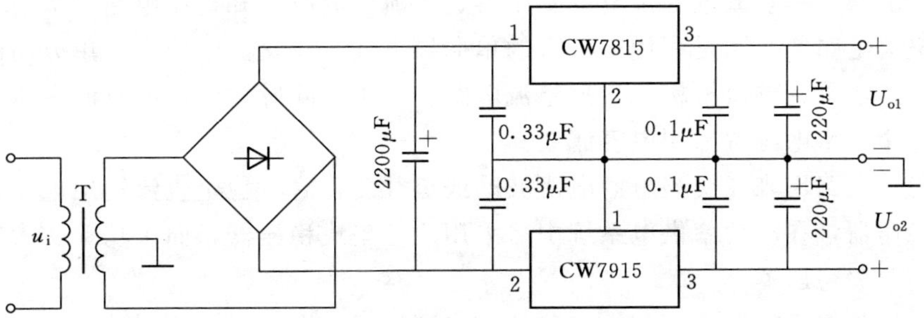

图 2.19　正、负同时输出的电路

三端可调输出集成稳压器的基本应用电路，如图 2.21 所示。为防止输入端发生短路时，C_4 向稳压器反向放电而损坏，故在稳压器两端反向并一只二极管 VD_1。VD_2 则是为防止因输出端发生短路 C_2 向调整端放电可能损坏稳压器而设置的。C_2 可减小输出电压的纹波。R_1、R_P 构成取样电路，可通过调节 R_P 来改变输出电压 U_o 的大小。

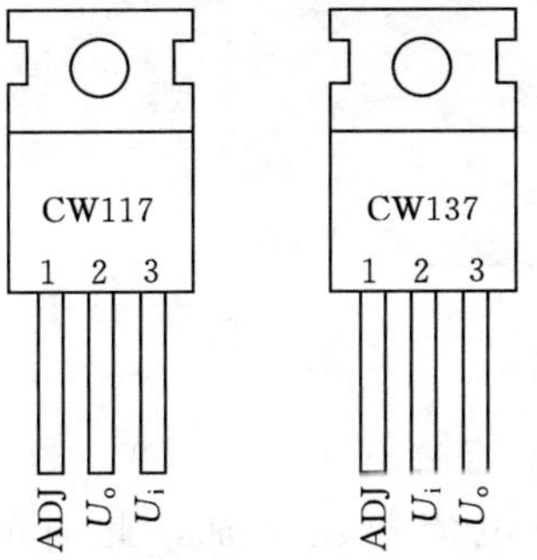

(a) CW117 系列　(b) CW137 系列

图 2.20　三端可调输出集成稳压器外形及管脚排列

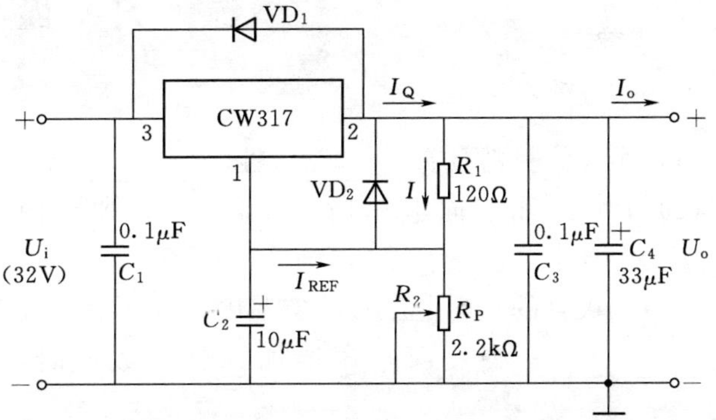

图 2.21　三端可调输出稳压器的基本应用电路

该电路输出电压的大小可表示为

$$U_o=\frac{U_{REF}}{R_1}(R_1+R_2)+I_{REF}R_2 \tag{2.9}$$

由于基准电流 $I_{REF}\approx 50\mu A$，可以忽略不计，又基准电压 $U_{REF}=1.25V$，因此

$$U_o\approx 1.25\left(1+\frac{R_2}{R_1}\right) \tag{2.10}$$

可见，当 $R_2=0$ 时，$U_o=1.25V$；当 $R_2=2.2k\Omega$ 时，$U_o\approx 24V$。

电阻 R_1 需要选取合理范围，才能保证电路在各种状态下都稳定，公式如下：

$$R_1=\frac{U_{REF}}{I_Q}=\frac{1.25}{10\times 10^3}=125\Omega \tag{2.11}$$

取标称值 120Ω，若 R_1 的取值太大，会使输出电压偏高。

小　结

(1) 直流稳压电源是电子设备中的重要组成部分，用来将交流电网电压变成稳定的直流电压。一般小功率直流电源由电源变压器、整流滤波电路和稳压电路等部分组成。

（2）整流电路的作用是利用二极管的单向导电性，将交流电压变成单方向的脉动直流电压，目前广泛采用整流桥构成桥式整流电路。为了消除脉动电压的纹波电压需采用滤波电路，单相小功率电源常采用电容滤波。

（3）稳压电路用来在交流电源电压波动或负载变化时，稳定直流输出电压。目前广泛采用集成稳压器，在小功率供电系统中多采用线性集成稳压器，而中功率、大功率稳压电源一般采用开关稳压器。

（4）线性集成稳压器中调整管与负载相串联，且工作在线性放大状态，它由调整管、基准电压、取样电路、比较放大电路以及保护电路等组成。

（5）通过制作直流稳压电源，一方面通过电子元器件的选择、让我们学会并熟练使用万用表来检测电子元器件的质量好坏；另一方面通过安装、焊接和调试电路，让我们了解电子产品的生产过程及制作工艺。

练　习　题

1. 填空题

（1）半导体材料具有________性、________性、________性等特性。

（2）PN 结加正向电压时 ________，加反向电压时 ________，所以 PN 结具有________导电性。

（3）二极管的反向电压在一定范围内增大时，其反向电流微小且基本不变，这个电流称为________；当反向电压增加到某一数值时，反正电流急剧增加，此时的电压称为________。

（4）直流稳压电源制作的四个环节是 ________、________、________、________。

2. 选择题

（1）用万用表 $R\times1$k 挡测二极管，若红表笔接正极，黑表笔接负极时读数为 50kΩ；换黑表笔接正极，红表笔接负极时，读数为 1Ω，则这只二极管的情况是（　　）。

A. 内部已断路不能用　　B. 内部已短路不能用

C. 没有坏，但性能不好　　D. 性能良好

（2）稳压二极管起稳压作用时，一般工作在特性曲线的（　　）区。

A. 死区　　B. 正向导通区　　C. 反向截止区　　D. 反向击穿区

（3）单相半波整流电路输出电压平均值 $U_o=$（　　）U_2，单相桥式整流电路输出电压平均值 $U_o=$（　　）U_2，单相桥式整流电容滤波电路输出电压平均值 $U_o=$（　　）U_2。

A. 0.45　　B. 0.9　　C. 1.2　　D. 1.4

（4）直流稳压电源电路中，变压的目的是（　　），整流的目的是（　　），滤波的目的是（　　），稳压的目的是（　　）。

A. 降低电网电压的有效值　　B. 将交流变为直流

C. 将波动较大的直流变平缓　　D. 将较平缓的直流变为稳定的直流

（5）三端集成稳压器 CW79M05 的输出电压是（　　）V。

A. 5　　　　B. −5　　　　C. 15　　　　D. −15

3. 计算分析题

(1) 二极管电路图如图 2.22 所示，试判断图中二极管工作在什么状态，并求 AO 两端电压 U_{AO}。

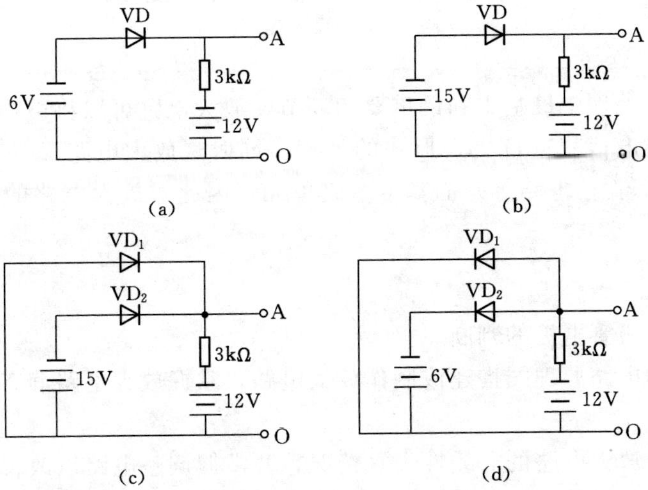

图 2.22　题 3 (1) 图

(2) 桥式整流电容滤波电路中，已知负载电阻 $R_L = 20\Omega$，交流电源频率为 50Hz，要求输出电压 $U_o = 12V$，试求变压器二次侧电压有效值 U_2，并选择整流二极管和滤波电容。

(3) 电路如图 2.23 所示。已知电流 $I_Q = 10mA$，试求输出电压 U_o 为多少？

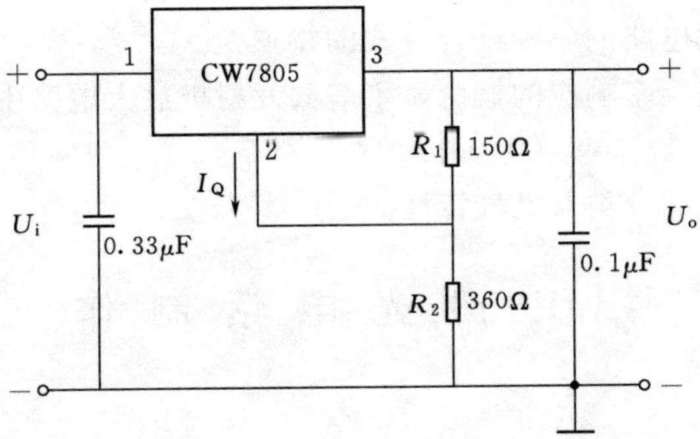

图 2.23　题 3 (3) 图

第3章

三极管及放大电路

放大是电信号处理中最基本和最重要的环节，放大电路可以将微弱的电信号放大到需要的幅度，便于对电信号进行更多形式的处理。同时，放大电路又是其他信号处理电路（如有源滤波电路、振荡电路等）的基本组成单元，因此对放大电路的讨论分析是本课程的重要内容。

能力目标：

（1）能进行三极管电极的判断。

（2）能够根据电路原理图搭建或制作放大电路，掌握放大电路静态、动态参数的测量方法。

（3）能够判断放大电路的非线性失真情况，并掌握调整电路以改善失真的方法。

知识目标：

（1）理解三极管的电气特性与放大的概念，掌握用三极管组成放大电路的方法。

（2）了解放大电路的非线性失真问题。

（3）理解三极管的等效电路，掌握三极管放大电路静态、动态参数的计算方法。

（4）理解基极分压式偏置电路的静态工作点稳定原理。

（5）了解多级放大电路的三种耦合方式的特点。

（6）理解放大电路频率响应的概念，了解共发射极放大电路中影响电路频率响应的元件因素。

（7）了解场效应管的分类及电气特性。

3.1 激光电话制作

3.1.1 实训目的

通过对激光电话电路的焊接、安装及调试，理解三极管在电路中对音频电压信号的放大作用，掌握三极管静态工作点的调整方法和步骤。

3.1.2 实训器材

本实训所用到的元件及工具见表3.1。

表3.1　元件工具表

名　称	代　号	型　号	数　量
三极管	VT	2N5551	1
LM386（含座）	U_1	直插	1

续表

名　称	代　号	型　号	数　量
电池盒		装4节，5号	1
电解电容	C_4	16V，220μF	1
电解电容	C_1	16V，100μF	1
电解电容	C_2、C_3、C_4	16V，10μF	3
麦克风			1
扬声器	Y		1
光敏电阻	R		1
电阻	R_1	22kΩ	1
可调电阻	R_{P3}	500kΩ	1
激光二极管	LD	3V	1
插针			
音频线（带插座）			
手机			
万用表			1
电烙铁		25W	1
万能板			1
焊锡、松香			若干
连接导线			若干

3.1.3 实训电路

电路功能：电路如图3.1所示，用激光束传送音频信号，并接收、播放。

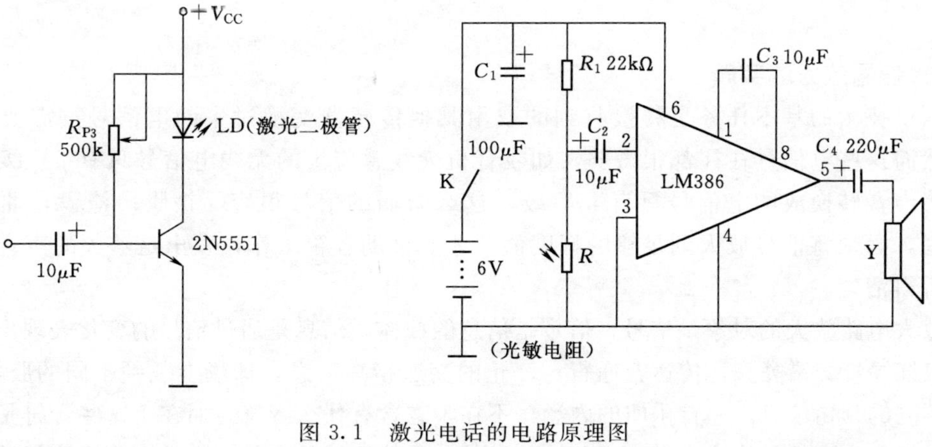

图3.1　激光电话的电路原理图

工作原理：发送电路将音频电压信号通过三极管的电流控制作用，通过激光二极管转换为相应的激光信号发送出去，接收电路以光敏电阻作为接收器件，将收到的激光信号转换为电压信号，电压信号经功率放大器LM386放大后，输出到扬声器发出声音。三极管

2N5551 的管脚排列如图 3.2 所示，LM386 的管脚排列如图 3.3 所示。

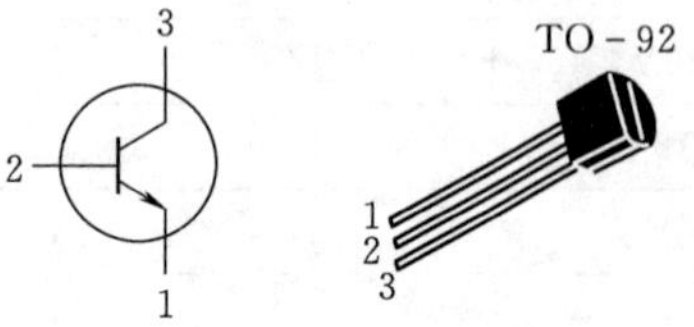

图 3.2　三极管 2N5551 的管脚排列图

1—发射极；2—基极；3—集电极

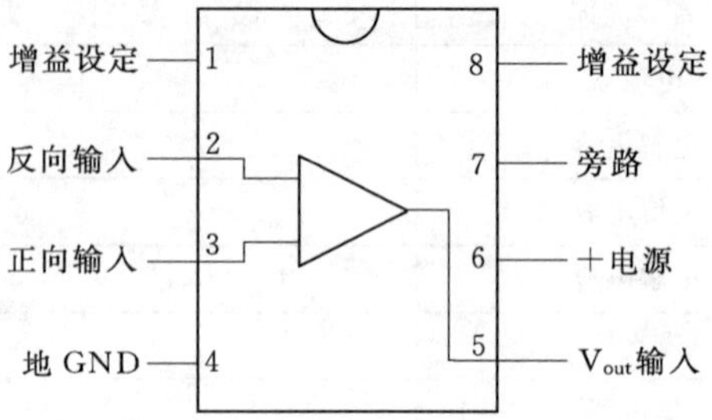

图 3.3　LM386 的管脚排列图

3.1.4　实训步骤

（1）调整仪器仪表，检测各元器件的质量。

（2）按图 3.1 的电路图正确焊接元器件及线路。

（3）从三极管 VT 的基极和发射极输入手机音频信号，将激光二极管对准光敏电阻，调节电位器，倾听扬声器发出的声音。

3.1.5　实训报告要求

（1）画出电路图，简要说明电路的工作原理。

（2）分析每一个元器件在电路中的作用。

（3）说明本电路焊接、调试的步骤和过程。

（4）总结电路的设计、制作、排除故障等方面的经验、体会。

3.2　三极管基本放大电路

3.2.1　信号放大的实质

电子技术的基本任务是将接收到的或由其他传感器变换过来的电信号按需要进行处理，然而这些电信号往往都很微弱，如收音机天线感应出的无线电信号只有 μV 级，动圈话筒将声音转换成的电信号只有 mV 级，这么微弱的信号很容易被噪声淹没，非常不便于处理，必须将信号放大到足够的幅度值，才能推动音箱工作，发出足够大的声音，我们才能听得清楚。

放大电路放大的对象是信号，信号是信息的载体，信息是通过信号的变化表现出来。十字路口红绿灯交错亮灭，传达着通行、停止的交通指挥信息，球场上裁判不同的肢体动作，传递不同的判罚信息。一首乐曲的内涵，不在于它含有什么音符，而在于这些音符是以什么规律来组合，也就是旋律之中。因此，信号的本质特征就是变化，它的变化规律就反映了所携带的信息。将一个信号放大，就是在不改变其变化规律的情况下，使它的幅度变得更大。

在电子技术中，电信号通常用交流电压、交流电流和交流功率表示，出于分析、处理和测量的方便，以正弦交流电压代表电信号，本课程简称信号。

放大的实质是控制，要实现信号的放大，需要具有控制作用的器件，也就是受控源器件，如三极管。

放大器的功能就是将输入端小的电信号（可以是电压、电流或功率）放大成输出端大的电信号。

3.2.2 三极管的结构组成及分类

3.2.2.1 三极管的结构组成

三极管，全称为半导体三极管，也称双极型晶体管、晶体三极管，是一种电流控制的半导体器件，其作用是把微弱信号放大成幅度值较大的电信号，也用作无触点开关。晶体三极管，是半导体基本元器件之一，具有电流放大作用，是电子电路的核心元件。三极管是在一块半导体基片上制作两个相距很近的 PN 结，两个 PN 结把整块半导体分成三部分，中间部分是基区，两侧部分是发射区和集电区，三极管的实物如图 3.4 所示。

三极管的结构及图形符号如图 3.5 所示，三个电极分别是基极 B、集电极 C 和发射极 E，B 和 E 之间称为发射结，C 和 B 之间称为集电结。对于 NPN 管，它是由两块 N 型半导体中间夹着一块 P 型半导体所组成，发射区与基区之间形成的 PN 结称为发射结，而集电区与基区形成的 PN 结称为集电结，三条引线分别称为发射极 E、基极 B 和集电极 C。

图 3.4 三极管的实物图

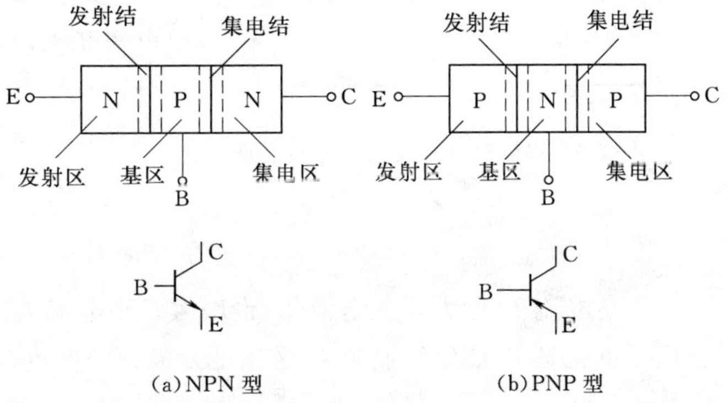

图 3.5 三极管的结构及图形符号

3.2.2.2 三极管的分类

（1）按结构不同可分为 NPN 和 PNP。

（2）按材料不同可分为锗管和硅管。

（3）按三极管消耗功率的不同可分为小功率管、中功率管和大功率管等。

电子线路中常用的三极管有 90××系列，包括低频小功率硅管 9013（NPN）、9012（PNP）、低噪声管 9014（NPN）、高频小功率管 9018（NPN）等。它们的型号一般都标在塑壳上，而样子都一样，都是 T0－92 标准封装。在老式的电子产品中还能见 3DG6（低频小功率硅管）、3AX31（低频小功率锗管）等，它们的型号也都印在金属的外壳上。我国生产的晶体管有一套命名规则，电子工程技术人员和电子爱好者应该了解三极管符号的含义。符号的第一部分“3”表示三极管。符号的第二部分表示器件的材料和结构：A——PNP 型锗材料；B——NPN 型锗材料；C——PNP 型硅材料；D——NPN 型硅材料。符号的第三部分表示功能：U——光电管；K——开关管；X——低频小功率管；

G——高频小功率管；D——低频大功率管；A——高频大功率管。另外，3DJ 型为场效应管，BT 打头的表示半导体特殊元件。

3.2.2.3　三极管电流关系

我们通过对图 3.6 所示的电路测试数据进行分析，来了解三极管的电流控制特性。改变电路中的基极回路电源 V_{BB} 使基极电流 I_B 发生变化，测量对应的集电极电流 I_C 和发射极电流 I_E，得到表 3.2 的数据。

表 3.2　　三极管基极电流与集电极电流数据

I_B/mA	0	0.01	0.02	0.03	0.04	0.05
I_C/mA	0.01	0.55	1.13	1.74	2.34	2.90
I_E/mA	0.01	0.56	1.15	1.77	2.38	2.95

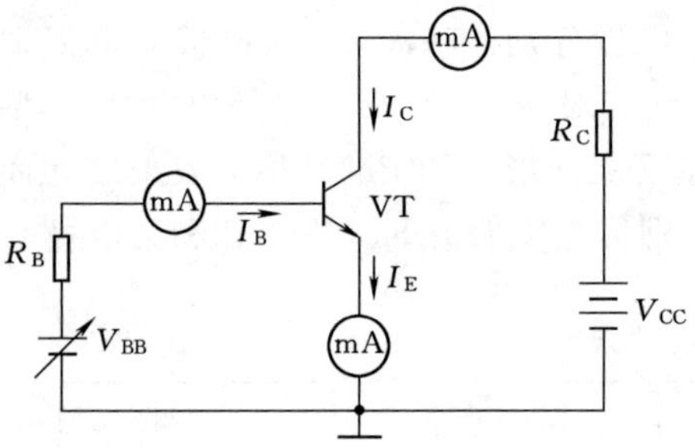

图 3.6　三极管电流放大的实验电路

对表中所列数据进行分析，得到以下结论：

(1) 三极管三个电流 I_B、I_C 和 I_E 的大小关系：

$$I_E = I_B + I_C \tag{3.1}$$

(2) 当 $I_B=0$ 时，$I_C=0.01\text{mA}$，称为穿透电流 I_{CEO}，这是不受基极电流 I_B 控制的电流部分，在电路中表现为器件噪声，这个值越小，三极管的噪声系数就越小。

(3) 基极电流 I_B 小，集电极电流 I_C 大：

$$\frac{I_C}{I_B} \approx \bar{\beta}(\text{常量}) \tag{3.2}$$

即小电流 I_B 增大，大电流 I_C 也增大；小电流 I_B 减小，大电流 I_C 也减小，I_C 跟随 I_B 变化，也就是 I_B 能够控制 I_C，这就是三极管的电流控制及放大作用，$\bar{\beta}$称为直流电流放大倍数。

(4) 从表中可以看到，当 I_B 增大或减小 0.01mA，I_C 就会增大或减小 0.56mA 左右，I_C 的变化量明显大于 I_B 的变化量，即 I_C 跟随 I_B 变化，同时具有更大的变化幅度。$\beta=\Delta I_C/\Delta I_B$ 称为交流电流放大倍数，它反映三极管对信号的放大能力。在低频的情况下，$\bar{\beta}$ 与 β 近似相等，后面内容里不再加以区分。

综上所述，三极管是具有小电流 I_B 控制大电流 I_C 特性的电流控制电流源器件，利用这个特性可以对信号进行放大。

3.2.3　用万用表检测三极管

三极管内部有两个 PN 结，可用万用表电阻挡分辨 E、B、C3 个极。在型号标注模糊的情况下，也可用此法判别管型。

3.2.3.1　基极及管型的判别

先假设三极管的某极为“基极”，将黑表笔接在假设基极上，再将红表笔依次接到其余两个电极上，若两次测得的电阻都大（约几千欧到几十千欧）或者都小（几百欧至几千欧），对换表笔重复上述测量，若测得两个阻值相反（都很小或都很大），则可确定假设的基极是正确的，否则另假设一极为基极，重复上述测试，以确定基极。

当基极确定后，将黑表笔接基极，红表笔笔接其他两极若测得电阻值都很少，则该三极管为 NPN，反之为 PNP。

实际上，小功率管的基极一般排列在三个管脚的中间，可用上述方法，分别将黑、红表笔接基极，既可测定三极管的两个 PN 结是否完好（与二极管 PN 结的测量方法一样），又可确认管型。

3.2.3.2 集电极和发射极的判别

确定基极后，假设余下管脚之一为集电极 C，另一为发射极 E，用手指分别捏住 C 极与 B 极（即用手指代替基极电阻 R_B）。同时，将万用表两表笔分别与 C、E 接触，若被测管为 NPN，则用黑表笔接触 C 极、用红表笔接 E 极（PNP 管相反），观察指针偏转角度；然后再设另一管脚为 C 极，重复以上过程，比较两次测量指针的偏转角度大的一次表明 I_C 大，管子处于放大状态，相应假设的 C、E 极正确。

3.2.3.3 三极管性能的简易测量

（1）用万用表电阻挡测 I_{CEO} 和 β。基极开路，万用表黑表笔接 NPN 管的集电极 C、红表笔接发射极 E（PNP 管相反），此时 C、E 之间电阻值大则表明 I_{CEO} 小，电阻值小则表明 I_{CEO} 大。

用手指代替基极电阻 R_B，用上法测 C、E 间电阻，若阻值比基极开路时小得多则表明 β 值大。

（2）用万用表 hFE 挡测 β。有的万用表有 hFE 挡，按表上规定的极型插入三极管即可测得电流放大系数 β，若 β 很小或为零，表明二极管已损坏，可用电阻挡分别测两个 PN 结，确认是否有击穿或断路。

3.2.4 三极管的伏安特性

要利用三极管来放大信号，需要将输入小信号 u_i（幅值比较小的交流电压信号）接入基极所在回路，使基极电流 I_B 产生与小信号 u_i 同样的变化，基极电流 I_B 的变化促使集电极电流 I_C 做更大幅度的同步变化，就可以从 I_C 回路中取出放大的信号（变化量）。三极管基极电流回路就称为三极管的输入回路，集电极电流回路就称为输出回路。下面分别讨论三极管的输入特性和输出特性。

3.2.4.1 输入特性

当 U_{CE} 不变时，输入回路中的基极电流 I_B 与发射结电压 U_{BE} 之间的关系曲线称为输入特性，即 $I_B=f(U_{BE}),U_{CE}=$ 常量。

以硅材料 NPN 三极管为例，输入特性如图 3.7 所示。

（1）$U_{CE}=0$ 时，输入特性是左边那条曲线，当 U_{CE} 增大时，输入特性曲线向右移动变化，当 $U_{CE}>1V$ 后，基本稳定下来，所以我们以 $U_{CE}=2V$ 的输入特性曲线来作为讨论的对象（实际应用中加在集电极和发射极之间的电压都大于 1V）。

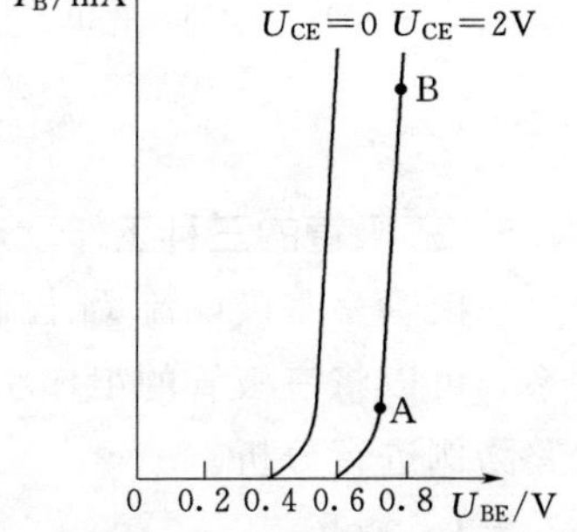

图 3.7 三极管输入特性

(2) $U_{BE}=0\sim0.6V$（死区电压），$I_B=0$，三极管截止。

(3) 当 $U_{BE}>0.6V$（死区电压）后，三极管开始导通，$I_B>0$，导通初期，I_B 与 U_{BE} 呈曲线关系变化。

(4) 三极管导通后，I_B 迅速增大，此时 U_{BE} 基本维持稳定（约为 0.7V），如图中曲线 A、B 之间区域，在此区间，I_B 与 U_{BE} 近似线性，即 U_{BE}（电压）发生变化，I_B 就会跟随同步变化，电压的变化引发电流的相同变化。

锗材料三极管的死区电压为 0.1V，导通后 U_{BE} 电压维持在 0.3V。

3.2.4.2　输出特性

当 I_B 不变时，输出回路中的集电极电流 I_C 与集电极发射极之间电压 U_{CE} 之间的关系曲线称为输出特性，即 $I_C=f(U_{CE}),I_B=$常量。

固定一个 I_B 值，可以得到一条输出特性曲线，分别改变 I_B 值可以得到一簇输出特性曲线，如图 3.8 所示。

(1) $I_B=0$ 时，$I_C=I_{CEO}$（穿透电流），很小，有时为简化分析将其忽略。

(2) 以 $I_B=40mA$ 为例：

1) U_{CE} 从 0 开始增大时，I_C 迅速增大。

2) 当 $U_{CE}>1V$ 以后，输出特性曲线变为近似水平，即 U_{CE} 继续增大，I_C 保持稳定，U_{CE} 对 I_C 的影响很小，要增大 I_C 的值，需要将 I_B 值增大。说明在这个区域内，集电极电流 I_C 的大小主要取决于基极电流 I_B，而受 U_{CE} 影响不明显，即三极管是基极电流 I_B 控制集电极电流 I_C 的电流控制器件。

3) I_B 维持不变，U_{CE} 增大到一定数值时，I_C 会急剧增加，如图 3.8 中输出特性曲线尾部所示，称为击穿。

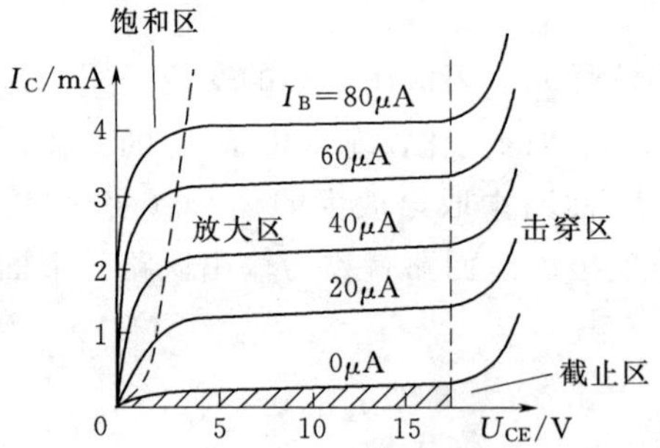

图 3.8　三极管输出特性

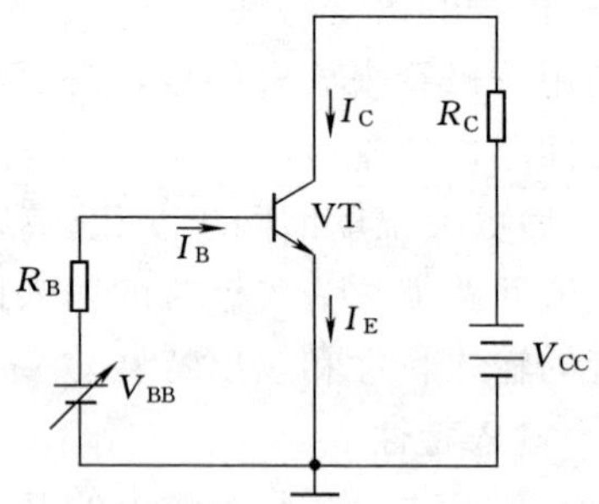

图 3.9　NPN 三极管共射极电路

3.2.5　三极管的三种工作状态

三极管是基极电流 I_B 控制集电极电流 I_C 的受控电流源，根据两个电流的大小和相对关系，可以将三极管的工作状态划分为截止、放大和饱和三个状态。下面以图 3.9 所示的电路为例进行分析。

3.2.5.1　截止

当 $V_{BB}=0$ 时，三极管 B 极偏置电压不足，三极管 C、E 极之间没电流（或只有微弱漏电电流）通过，$I_B=0$，$I_C\approx0$，三极管处于截止状态，I_B 与 I_C 没有形成控制关系，$U_{CE}=$

$V_{CC}-I_CR_C\approx V_{CC}$。

3.2.5.2　放大

当 V_{BB} 大于死区电压，三极管 B 极加有合适的偏置电压，三极管导通，这时 C 极电流根据 B 极电流及放大倍数变化而呈倍数变化变化，$I_B>0$，$I_C=\beta I_B$。I_C 的大小没有超过 V_{CC} 回路所能提供的最大值 V_{CC}/R_C，I_B 与 I_C 的比例关系得以保持，I_B 具有控制 I_C 的作用，这个状态称为放大。例如，三极管 β 为 30 倍放大，B 极电流 10mA，则 C 极电流为 300mA。

3.2.5.3　饱和

饱和导通状态，当 V_{BB} 增大使 I_B 很大，三极管 B 极偏置电压超过放大要求时，维持 β 倍比例要求的 $I_C(\beta I_B)$ 超出了 V_{CC} 回路能提供的最大电流值 V_{CC}/R_C，即 I_C 达到最大值仍小于 βI_B，I_B 与 I_C 比例关系不能保持，此时 I_B 再增加，I_C 维持饱和，控制关系被破坏，不再跟随 B 极电流变化而线性变化，这种状态称为饱和导通状态。由于 I_C 达到最大值，$U_{CE}(U_{CE}=V_{CC}-I_CR_C)$ 很小，通常小于 1V，这时可认为 CE 极为接直接导通。

三极管的三种工作状态在输出特性曲线上分别对应于截止区、放大区和饱和区，如图 3.8 所示。

3.2.6　用三极管组成信号放大电路

放大的实质是一种控制作用。三极管是具有电流控制作用的受控源器件，利用三极管可以组成具有信号放大作用的放大电路。

以三极管为核心，组成放大电路，需要满足以下条件：①三极管要工作在放大（控制）状态；②输入小信号 u_i 能激发基极电流 I_B 发生变化，使集电极电流 I_C 发生更大幅度的变化；③将集电极电流 I_C 的更大幅度变化转化为电压 u_o 的变化，向外送出。

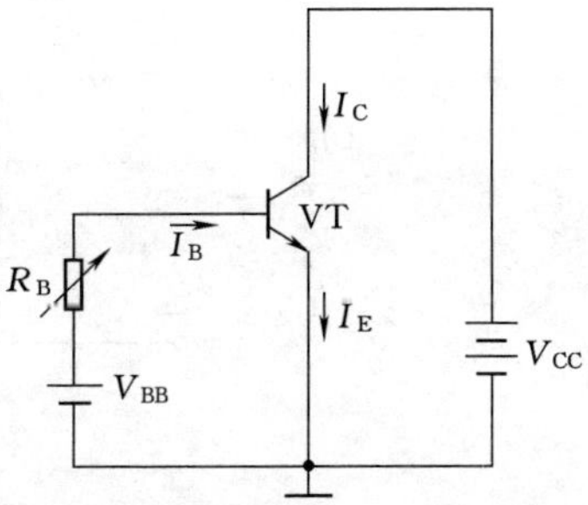

图 3.10　三极管放大电路

下面按照上述要求来构建放大电路。

（1）三极管要工作在放大状态。如图 3.10 所示电路，V_{BB} 提供基极电流 I_B，并由 R_B 调节 I_B 的大小，使三极管工作在放大状态，V_{CC} 提供集电极电流 I_C。

（2）输入信号 u_i（小的交流电压信号）通过电容 C_1 接到三极管基极，使三极管基极发射极电压 U_{BE} 在原来导通的基础上产生小幅波动。由三极管输入特性知道，此时三极管的基极电流 I_B 与基极发射极之间的电压 U_{BE} 呈线性关系，因此，基极电流 I_B 将产生与 U_{BE} 同样的波动，控制着 I_C 产生同样规律但幅度更大的波动，实现了信号的放大，如图 3.11 所示。

（3）取出放大以后的信号（电压变化量）。集电极电流 I_C 随着基极电流 I_B 发生了变化，但三极管的集电极电压 U_C 和发射极电压 U_E 分别接 V_{CC} 的正极和负极，电位不变，加入集电极电阻 R_C 后，$U_C=U_{CC}-I_CR_C$，U_C 就随 I_C 发生变化，这样就把电流 I_C 的变化转为了电压 U_C 的变化，通过隔直耦合电容 C_2 就将 U_C 的交流分量 u_o 送出来，得到放大以后的电压信号，如图 3.12 所示。（如果想从发射极 E 输出信号，需要加入发射极电阻

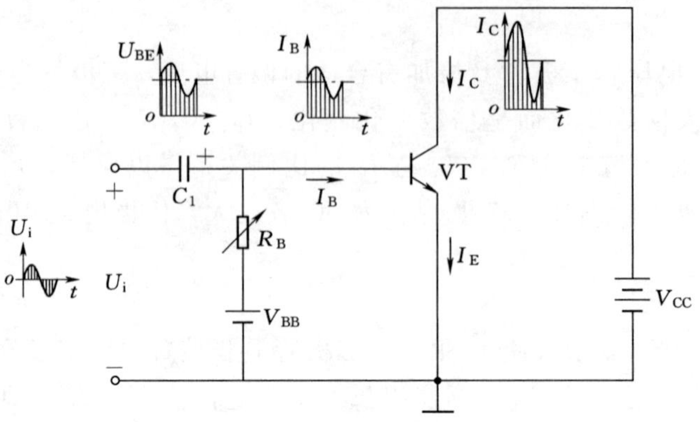

图 3.11　放大电路各点的交流

R_E 使 U_E 随 I_E 变化，$U_E = I_E R_E \approx I_C R_E$，再通过电容取出 U_E 的交流分量。）

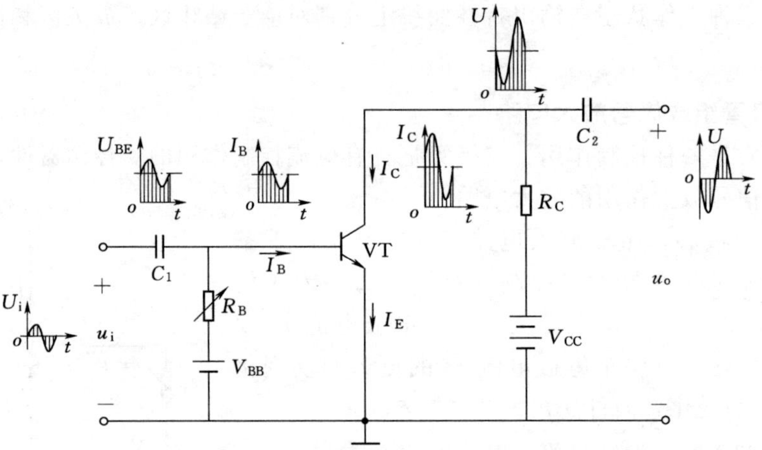

图 3.12　放大电路输出波形

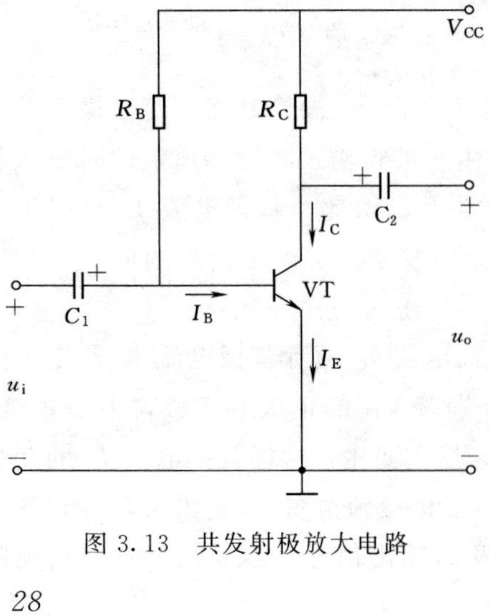

图 3.13　共发射极放大电路

图 3.10 所示的电路需要 V_{BB} 和 V_{CC} 两组电源，为简化电路，将 V_{BB} 改由 V_{CC} 提供，本课程中，电源 V_{CC} 通常省略不画，只用电气符号 $+V_{CC}$ 表示，得到电路如图 3.13 所示。

在图 3.13 所示的电路中，输入信号 u_i 从三极管的基极经电容 C_1 耦合输入，放大后的输出信号 u_o 从三极管的集电极通过电容 C_2 耦合输出，发射极接公共端（参考端），称为共发射极放大电路。

除了共发射极放大电路外，由三极管组成的放大电路还有共集电极放大电路和共基极放大电路，将在后续的章节进行介绍。

3.2.7 静态工作点计算—共发射极放大电路

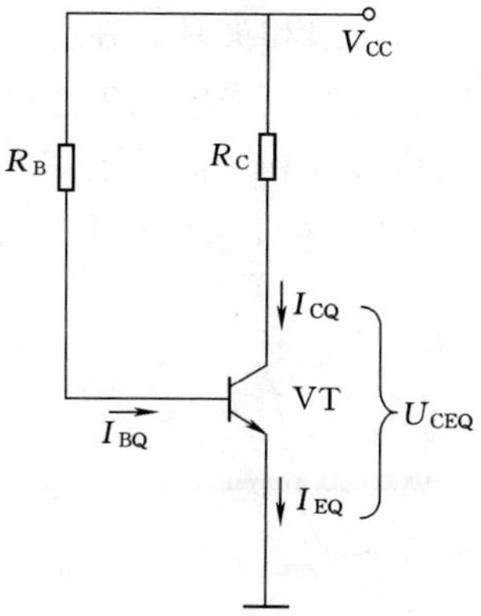

图 3.14 直流通路电路图

静态时的 I_B、I_C 和 U_{CE} 分别用 I_{BQ}、I_{CQ} 和 U_{CEQ} 表示，称为静态工作点。放大电路没有加入输入信号（$u_i=0$）时，电路中的电压、电流都是直流状态，称为直流工作状态或静态工作点，简称静态。此时电容相当于开路，图 3.13 的电路图经过简化后得到直流通路如图 3.14 所示。

根据放大电路的直流通路和交流通路，即可分别进行静态分析和动态分析。分析时，除了图解法和微变等效电路法以外，有时也采用一些简单实用的近似估算法。例如，常常根据直流通路，对放大电路的静态工作情况进行近似估算。

计算出基极电流 I_B、集电极电流 I_C 和集电极发射极电压 U_{CE}，就可以判断三极管是否工作在放大状态，从而知道电路能否正常放大信号，为放大电路设计及静态工作点调整提供依据。

3.2.7.1 静态工作点的计算

根据图 3.14 的直流通路，可列出下列式子

$$I_{BQ}R_E+U_{BEQ}=V_{CC} \tag{3.3}$$

$$I_{BQ}=\frac{V_{CC}-U_{BEQ}}{R_E} \tag{3.4}$$

$$I_{CQ}=\beta I_{BQ} \tag{3.5}$$

$$U_{CEQ}=V_{CC}-I_{CQ}R_C \tag{3.6}$$

【例 3.1】 试估算图 3.14 中共发射极放大电路的 I_{BQ}、I_{CQ} 和 U_{CEQ}，已知 $V_{CC}=12\text{V}$，$R_B=280\text{k}\Omega$，$R_C=3\text{k}\Omega$，$\beta=50$。

解： 在直流状态，电容 C_1 和 C_2 可以看成开路，得放大电路的直流等效电路如图 3.13 所示，三极管导通时 $U_{BEQ}=0.7\text{V}$，对 I_{BQ} 支路，有

$$I_{BQ}R_B+U_{BEQ}=V_{CC}$$

$$I_{BQ}=\frac{V_{CC}-U_{BEQ}}{R_B}=\frac{12-0.7}{280}\approx 0.040(\text{mA})=40(\mu\text{A})$$

$$I_{CQ}=\beta I_{BQ}=50\times 0.04=2(\text{mA})$$

$$U_{CEQ}=V_{CC}-I_{CQ}R_C=12-2\times 3=6(\text{V})$$

U_{CEQ} 为 6V，在截止状态值（约为 V_{CC}）和饱和状态值（不大于 1V）之间，说明三极管处于放大状态，静态工作点合适。

3.2.7.2 放大电路的非线性失真

放大电路的静态工作点设计的不合适，放大电路输出的信号就很可能会产生非线性失真，非线性失真只要包括截止失真、饱和失真两种。

（1）截止失真。在静态时，如果集电极电流 I_C 很小，三极管处于接近截止状态。当输入正弦交流信号 u_i 时，I_C 跟随变化，就会在减小时（负半周）因进入截止状态而无法正常变化，如图 3.15 所示，这种失真称为截止失真。在共发射极放大电路中，U_{CE} 的变化与 I_C 的变化相位相反。

（2）饱和失真。在静态时，如果集电极电流 I_C 非常大，接近最大值，三极管处于接近饱和状态。当输入在正弦交流信号 u_i 时，I_C 跟随变化，就会在增大时（正周）因达到最大值（饱和）而无法正常变化，如图 3.16 所示，这种失真称为饱和失真。在共发射极放大电路中，U_{CE}的变化与 I_C 的变化相位相反。

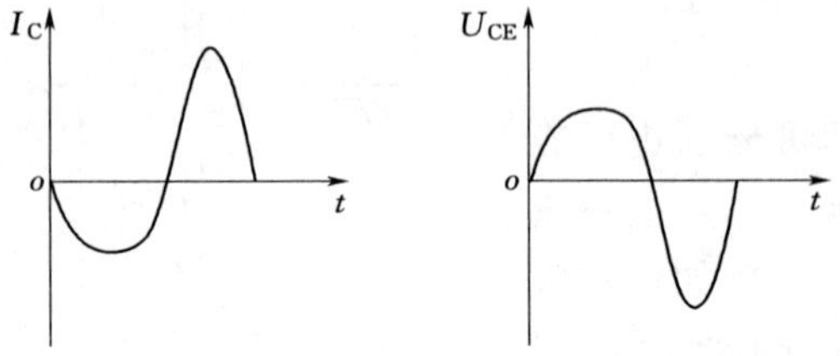

图 3.15 截止失真的 I_C 和 U_{CE}波形

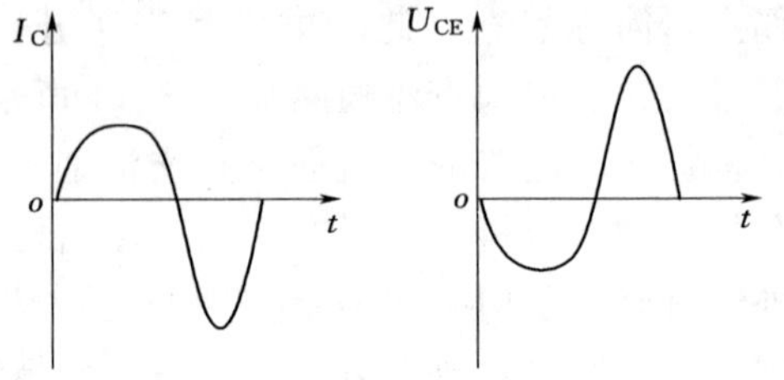

图 3.16 饱和失真的 I_C 和 U_{CE}波形

【例 3.2】 在图 3.17 所示的电路中，用示波器观察到输出端 U_o 的波形如图 3.17 所示，判断该电路出现了什么失真？如何调整？

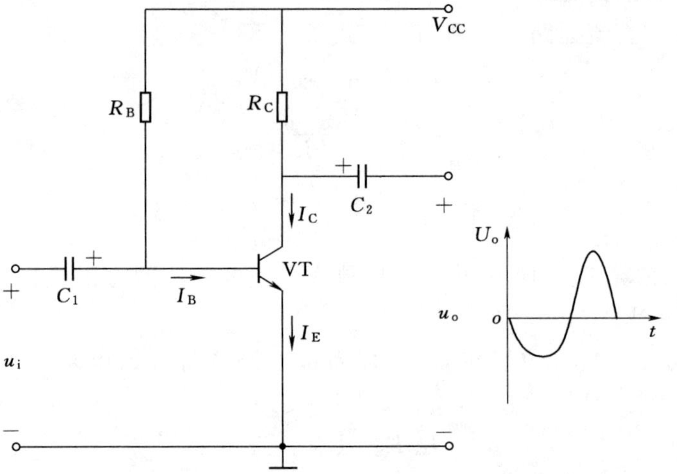

图 3.17 ［例 3.2］图

解： 输出端 u_o 的波形就是 U_{CE}的交流分量，所以该失真属于饱和失真，原因是基极电流 I_B 过大使集电极电流 I_C 接近最大值，可以适当调大基极电阻 R_B，减小基极电流 I_B，将 I_C 降低，使失真情况得到改善。

3.2.8 共发射极放大电路动态分析

3.2.8.1 三极管的简化等效电路

由三极管特性曲线知道，当三极管在全范围内变化时，电压、电流的关系是非线性的，而在适当位置上进行小幅度变化（小信号）时，三极管的特性近似线性，在这种情况下，可以将三极管的输入/输出特性进行线性等效，以简化计算。

三极管输入特性如图 3.18 所示，在三极管导通后，U_{BE}与 I_B 近似线性关系（图 3.18 中的 AB 段），可以用等效电阻 r_{be}表示，r_{be}的大小与三极管的 I_{EQ}有关。

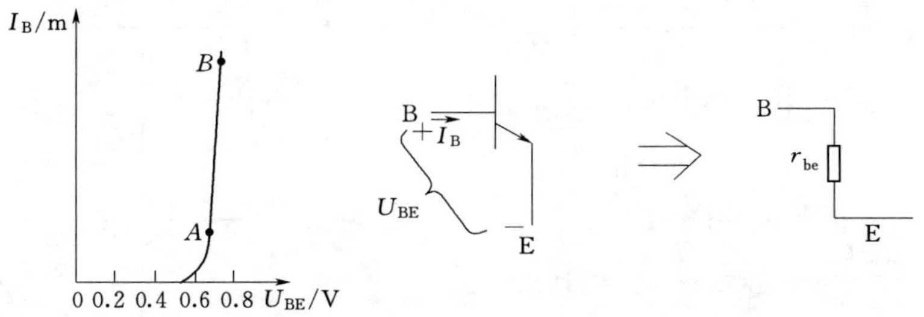

图 3.18 三极管输入等效电路

$$r_{be}=300+(1+\beta)\frac{26}{I_{EQ}} \tag{3.7}$$

三极管输出特性如图 3.19 所示，在 $I_B>0$、$U_{CE}>1V$ 时，集电极电流 I_C 受基极电流 I_B 控制，等效于受控电流源。

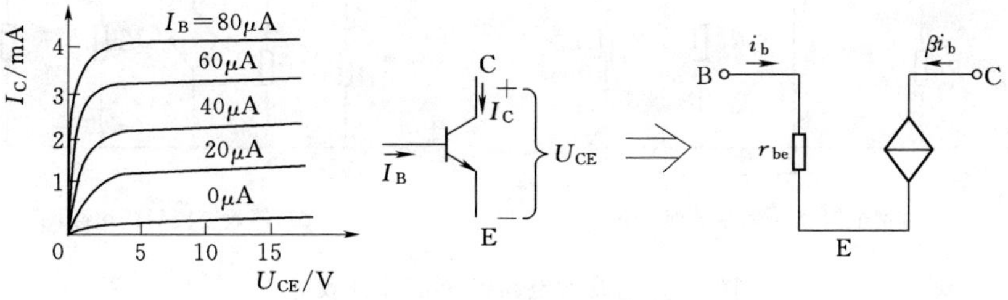

图 3.19 三极管输出等效电路

在小信号作用下，三极管的线性等效电路如图 3.20 所示。

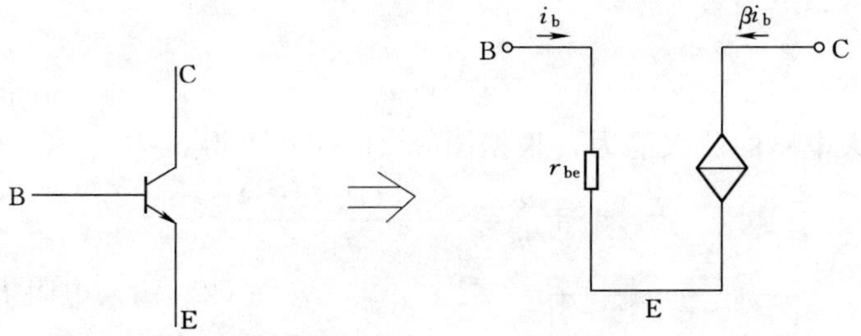

图 3.20 三极管小信号等效电路

共发射极放大电路如图 3.21（a）所示，由于小信号等效电路主要讨论变化量（信号）的问题，因此，电路中固定不变的电压源（V_{CC} 以及较大电容两端的电压 U_{C1}、U_{C2} 等）都可视为交流短路（电压变化量为 0），而固定不变的电流（I_{BQ}、I_{CQ} 等）都不予考虑，可以从放大电路中除去如图 3.21（b）、（c）所示。然后再用三极管的等效电路替换三极管，如图 3.21（d）所示。

3.2.8.2 电压放大倍数 A_u、输入电阻 R_i 和输出电阻 R_o

放大电路要正常放大信号而不产生失真，电路的静态工作点必须设计合适。但放大器本身并不单独工作，它需要从信号源接收小信号，放大后要将大信号送入负载，这时，电路处于动态，如图 3.22 所示。放大器自身的放大能力、与信号源和负载的配合情况就反

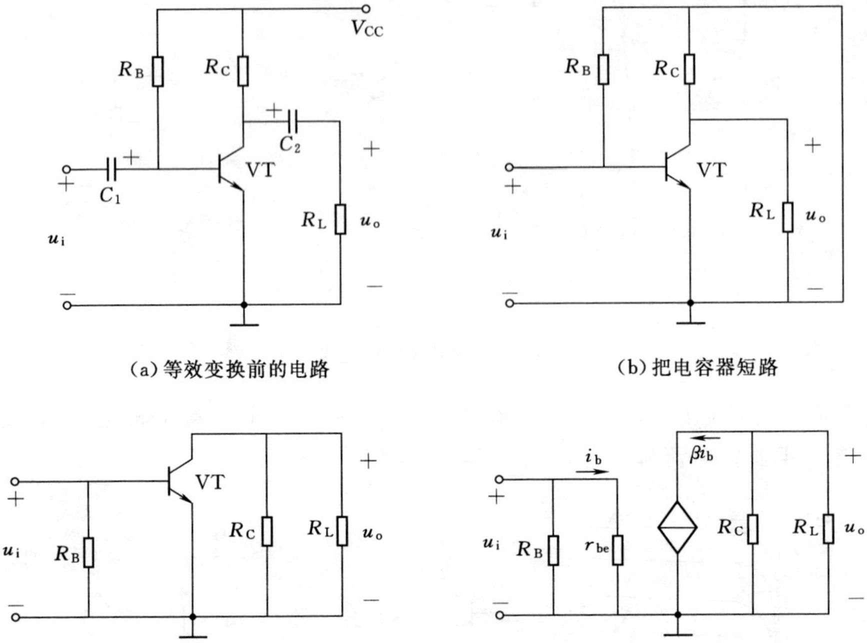

(a) 等效变换前的电路　　(b) 把电容器短路

(c) 把电阻统一画在下面　　(d) 等效变换后的电路图

图 3.21　放大电路的小信号等效电路

映了放大器性能的优劣。电压放大倍数 A_u、输入电阻 R_i 和输出电阻 R_o 是放大电路很重要的几个性能。下面我们就对这几个参数进行计算。

(1) 电压放大倍数 A_u。

$$A_u = \frac{u_o}{u_i} \tag{3.8}$$

它反映了放大电路的放大能力，根据图 3.21 (d) 可得

$$A_u = \frac{u_c}{u_i} = \frac{-\beta i_b (R_C // R_L)}{i_b r_{be}} \tag{3.9}$$

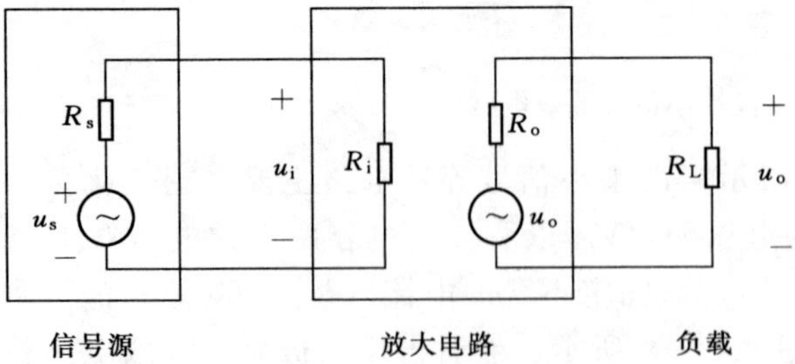

图 3.22　信号源、放大电路与负载的连接图

(2) 输入电阻 R_i。放大器接受信号源的信号，相当于是信号源的负载，放大电路输入端的等效电阻（输入电阻 R_i）反映了放大电路与信号源的配合关系。输入电阻 R_i 越大，传入放大电路的信号比例越大，放大电路从信号源索取的电流就越小，对信号源的影响就越小。根据图 3.21 (d) 可得

$$R_i = R_E // r_{be} \tag{3.10}$$

(3) 输出电阻 R_o。放大电路给负载提供信号，相当于是负载的信号源，这个信号源的内阻（放大电路输出端等效电阻，即输出电阻 R_o）反映了放大电路与负载的配合关系，

输出电阻越小，带负载能力越强。

实际中，可以通过实验方法测输出电阻 R_o，具体如下：

1）断开负载（$R_L \to \infty$），测出放大电路开路电压 U'_o。

2）接入负载 R_L，测得有负载时的输出电压 U_o。

$$U_o = \frac{R_L}{R_L + R_o} U'_o \tag{3.11}$$

$$R_o = \left(\frac{U'_o}{U_o} - 1\right) R_L \tag{3.12}$$

从图 3.17 中看出，求放大电路的输出电阻 R_o，需要将负载电阻 R_L 去掉，同时令 $u_i = 0$，使 $U'_o = 0$。当 $u_i = 0$ 时，$i_b = 0$，$\beta i_b = 0$，受控源支路开路。也可根据图 3.21（d）得

$$R_o = R_C \tag{3.13}$$

【例 3.3】 共发射极放大电路如图 3.11 所示，已知 $V_{CC} = 12V$，$R_B = 280k\Omega$，$R_C = 3k\Omega$，$R_L = 3k\Omega$，$\beta = 50$。试计算静态工作点（I_{BQ}、I_{CQ}和 U_{CEQ}）和电压放大倍数 A_u、输入电阻 R_i 和输出电阻 R_o。

解：（1）静态工作点：

$$I_{BQ} R_B + U_{BEQ} = V_{CC}$$

$$I_{BQ} = \frac{V_{CC} - U_{BEQ}}{R_B} = \frac{12 - 0.7}{280} \approx 0.040(\text{mA}) = 40(\mu\text{A})$$

$$I_{CQ} = \beta I_{BQ} = 50 \times 0.04 = 2(\text{mA})$$

$$I_{EQ} \approx I_{CQ} = 2(\text{mA})$$

$$U_{CEQ} = V_{CC} - I_{CQ} R_C = 12 - 2 \times 3 = 6(\text{V})$$

$$r_{be} = 300 + (1 + \beta)\frac{26}{I_E} = 300 + (1 + 50) \times \frac{26}{2} = 963(\Omega) \approx 1(k\Omega)$$

（2）动态参数计算（电压放大倍数 A_u、输入电阻 R_i 和输出电阻 R_o）。

电压放大倍数 A_u：

$$A_u = \frac{u_o}{u_i} = \frac{-\beta i_b (R_C // R_L)}{i_b r_{be}} = \frac{-50 \times (3k//3k)}{1k} = -75(\text{倍})$$

输入电阻 R_i：

$$R_i = R_B // r_{be} = 280k//1k \approx 1(k\Omega)$$

输出电阻 R_o：

$$R_o = R_C = 3(k\Omega)$$

3.3 其他类型的三极管放大电路

3.3.1 分压式射极偏置电路

前面介绍的共发射极放大电路结构简单，电压和电流放大作用都比较大，但是缺点是电路本身没有自动稳定静态工作点的能力，在电源电压波动、电路参数变化、三极管老化等因素影响下，静态工作点会偏离原来的数值，其中三极管参数随温度变化造成的影响

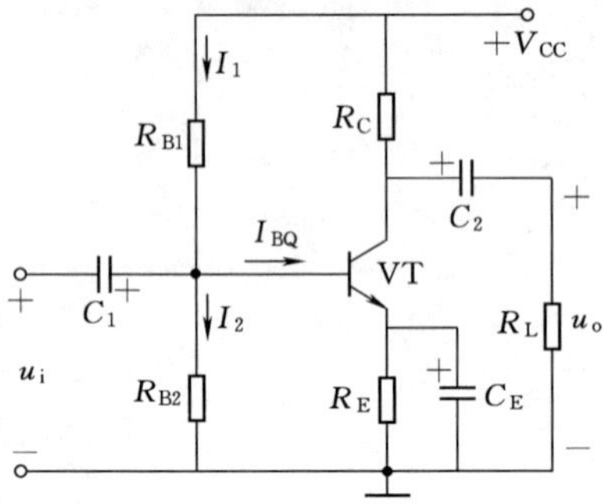

图 3.23　分压式射极偏置电路

最大。

放大电路工作一段时间后，器件的温度会升高，三极管的 U_{BE} 随温度的升高而减小（$I_{BQ}=\frac{V_{CC}-U_{BE}}{R_B}$ 增大），三极管的 I_{CEO} 和 β 随温度的升高而增大，因此，$I_C=I_{CEO}+\beta I_B$ 增大，严重时甚至会进入饱和状态而失去放大能力。为了克服上述问题，可以从电路结构上采取措施，使 I_C 的增大引发 I_B 减小，从而将 I_C 回调，减少温度的影响。

图 3.23 电路是最常应用的工作点稳定电路，称为分压式射极偏置电路。

此电路的特点是：具有稳定静态工作点的作用，静态工作点随温度变化小。

（1）利用电阻 R_{B1} 和 R_{B2} 分压来稳定基极电位。设流过电阻 R_{B1} 和 R_{B2} 的电流分别为 I_1 和 I_2，$I_1=I_2+I_{BQ}$，一般 I_{BQ} 很小，$I_1\gg I_{BQ}$，近似认为 $I_1\approx I_2$，这样，基极电位为

$$U_B\approx\frac{R_{B2}}{R_{B1}+R_{B2}}V_{CC} \tag{3.14}$$

（2）利用发射极电阻 R_E 使发射极电位 U_E 随 I_C 增大而提高，使 U_{BE} 下降，I_B 减小，将 I_C 回调。其过程为

$$T(℃)\uparrow\rightarrow I_{CQ}\uparrow\rightarrow U_E\uparrow\rightarrow U_{BE}\downarrow\rightarrow I_{BQ}\downarrow\rightarrow I_{CQ}\downarrow$$

通常 $U_B\gg U_{BE}$，所以发射极电流

$$I_E=\frac{U_B-U_{BE}}{R_E}\approx\frac{U_B}{R_E} \tag{3.15}$$

根据 $I_1\gg I_{BQ}$ 和 $U_B\gg U_{BE}$ 两个条件，得出的式（3.14）和式（3.15），分别说明了 U_B 和 I_E 是稳定的，不随温度而变，也与管子的参数 β 无关，电路更具普遍性。如果 I_1 和 U_B 越大，稳定静态工作点的作用就越明显，但 I_1 越大就意味 R_{B1} 和 R_{B2} 要取较小的数值，导致电路的输入电阻变小；而 U_B 越大则使 U_E 提高，减少放大电路的动态范围。通常选择：

$$I_1=(5\sim10)I_{BQ}(\text{硅管})\qquad U_B=(3\sim5)\text{V}(\text{硅管}) \tag{3.16}$$

$$I_1=(10\sim20)I_{BQ}(\text{锗管})\qquad U_B=(1\sim3)\text{V}(\text{锗管}) \tag{3.17}$$

3.3.2　共集电极放大电路（射极输出器）

设计放大电路时，在三极管发射极串入发射极电阻 R_E，使发射极电位 U_E 随 I_C 变化，通过 C_2 耦合将 U_E 的变化量 u_o 输出给负载，三极管集电极接到电源 V_{CC}，构成共集电极放大电路，又称为射极输出器，如图 3.24 所示。

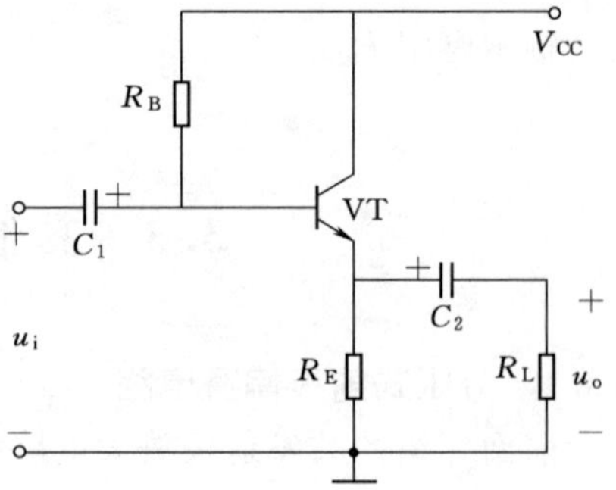

图 3.24　共集电极放大电路

3.3.2.1　静态工作点

$$V_{CC}=I_{BQ}R_B+U_{BEQ}+(1+\beta)I_{BQ}R_E \tag{3.18}$$

有

$$I_{BQ}=\frac{V_{CC}-U_{BEQ}}{R_B+(1+\beta)R_E} \tag{3.19}$$

$$I_{CQ}=\beta I_{BQ} \tag{3.20}$$

$$U_{CEQ}=V_{CC}-I_{CQ}R_E \tag{3.21}$$

3.3.2.2 电压放大倍数 A_u、输入电阻 R_i 和输出电阻 R_o

共集电极放大电路的小信号等效电路如图 3.25 所示，设 $R_L'=R_E//R_L$，可得：

(1) 电压放大倍数。

$$A_u=\frac{u_o}{u_i}=\frac{(1+\beta)i_bR_L'}{i_br_{be}+(1+\beta)i_bR_L'}=\frac{(1+\beta)R_L'}{r_{be}+(1+\beta)R_L'}<1 \tag{3.22}$$

在式 (3.22) 中，一般有 $(1+\beta)R_L'\gg r_{be}$，故 A_u 略小于 1（接近 1），输出电压近似等于输入电压并同相，此电路又称为射极跟随器。该电路没有电压放大作用，但具有电流放大作用。

(2) 输入电阻 R_i。由图可得

$$R_i=R_b//R_i'=R_b//\frac{u_i}{i_b}=R_b//\frac{i_br_{be}+(1+\beta)i_bR_L'}{i_b}=R_b//[r_{be}+(1+\beta)R_L'] \tag{3.23}$$

通常 R_b 阻值比较大（几十千欧至几百千欧），同时 $r_{be}+(1+\beta)R_L'$ 也比 r_{be} 大得多，因此，射极输出器的输入电阻高，可以达到几十千欧至几百千欧，用在多级放大电路的输入级，能较好地获取信号源送出的信号。

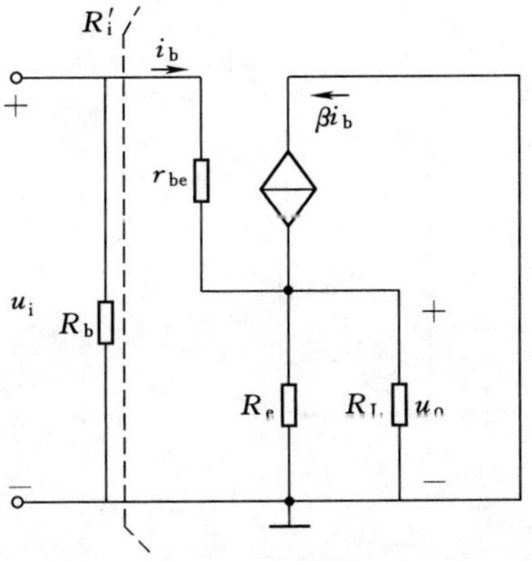

图 3.25 共集小信号等效电路

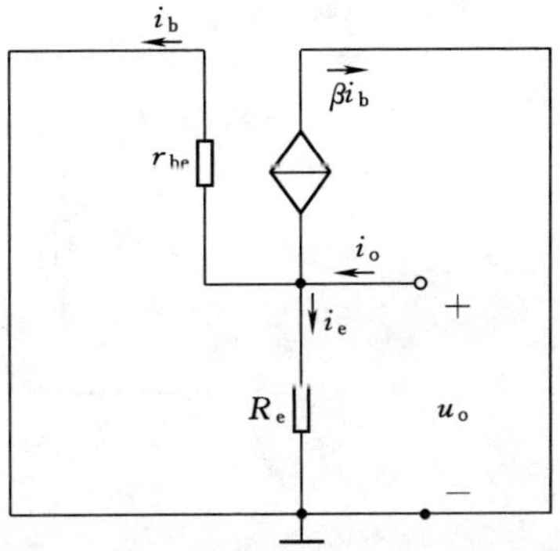

图 3.26 共集等效电路输出电阻

(3) 输出电阻 R_o。由于 $u_o\approx u_i$，当 u_i 一定时，输出 u_o 基本保持不变，这说明射极输出器具有恒压输出的特性，故其输出电阻很低。

在图 3.26 所示等效电路中，去掉 R_L，并令 $u_i=0$，在输出端加入电压 U_o，产生电流 I_o，则输出电阻 R_o 为

$$R_o=\frac{u_o}{i_o}=\frac{u_o}{(1+\beta)i_b+i_e}=\frac{1}{\dfrac{(1+\beta)i_b}{u_o}+\dfrac{i_e}{u_o}}=\frac{1}{\dfrac{1}{\dfrac{1}{(1+\beta)}\dfrac{u_o}{i_b}}+\dfrac{1}{\dfrac{u_o}{i_e}}}=\frac{1}{\dfrac{1}{\dfrac{r_{be}}{1+\beta}}+\dfrac{1}{R_e}}$$

得

$$R_o=R_e//\frac{r_{be}}{1+\beta} \tag{3.24}$$

大多数情况下

$$R_e\gg\frac{r_{be}}{1+\beta}$$

所以
$$R_o \approx \frac{r_{be}}{1+\beta} \tag{3.25}$$

由此可见，射极输出器的输出电阻很小，一般在几欧至几百欧，常常用作多级放大电路的输出级，具有较强的带负载能力。

3.3.3　共基极放大电路

共基极放大电路的输入信号 u_i 从发射极输入，放大信号 u_o 从集电极输出，基极是交流通路的公共端，如图 3.27 所示。

由共基极放大电路的小信号等效电路如图 3.27（c）所示，电压放大倍数为

$$A_u = \frac{u_o}{u_i} = \frac{\beta i_b (R_c // R_L)}{i_b r_{be}} = \frac{\beta (R_c // R_L)}{r_{be}} \tag{3.26}$$

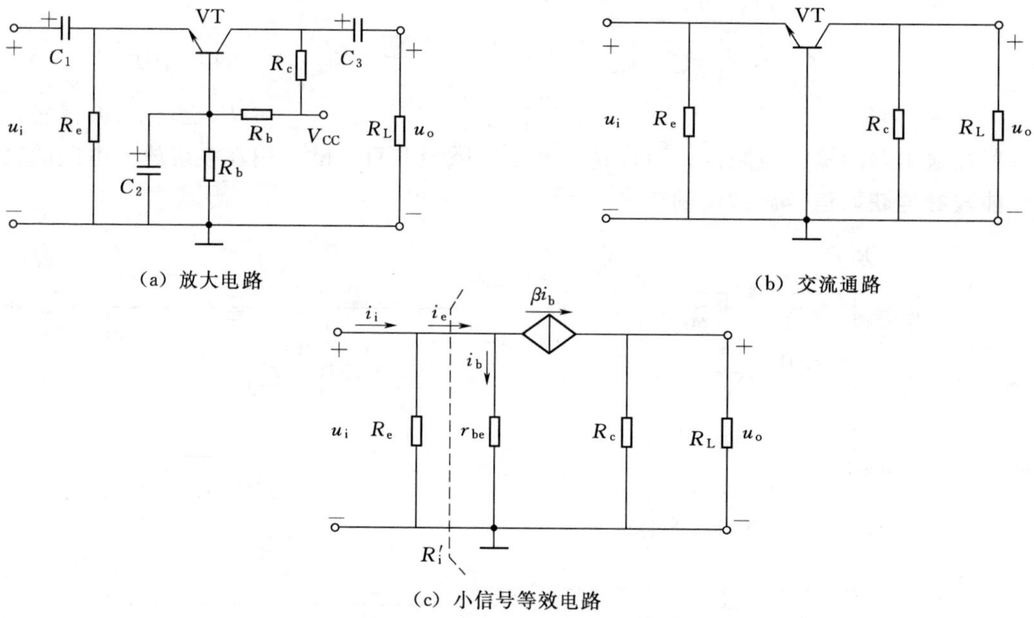

(a) 放大电路　　(b) 交流通路

(c) 小信号等效电路

图 3.27　共基极放大电路

由此可见，共基极电路的放大倍数与共发射极电路大小相同，符号相反。A_u 为正值，u_i 与 u_o 相位相同。

由小信号等效电路可求得输入电阻 R_i 和输出电阻 R_o。

$$R_i = R_e // R_i' = R_e // \frac{u_i}{i_e} = R_e // \frac{i_b r_{be}}{(1+\beta) i_b} = R_e // \frac{r_{be}}{1+\beta} \tag{3.27}$$

$$R_o = R_c \tag{3.28}$$

综上所述，共基电路的特点是：输入电阻低；输出信号与输入信号同相，电压放大倍数与共发射极电路一样，电流放大倍数小于 1，为 0.9～0.99。

本节我们以 NPN 型三极管作为例子进行分析讲解，对于 PNP 型三极管，其工作原理与应用方法与 NPN 型类似，以上分析的电路也适用于 PNP 型三极管，但由于 PNP 三

极管的电极电流方向与 NPN 型相反，因此需将电路中电源的正负极性、电容的正负极性等互换。

3.4 多级放大电路

单级放大电路的电压放大倍数比较有限，一般为几十倍，而实际应用中，放大器的输入信号都很微弱，有时可低到毫伏或微伏级。为了推动负载工作，必须由多级放大电路对微弱信号进行连续放大，才能在输出端获得必要的电压幅值或足够的功率。

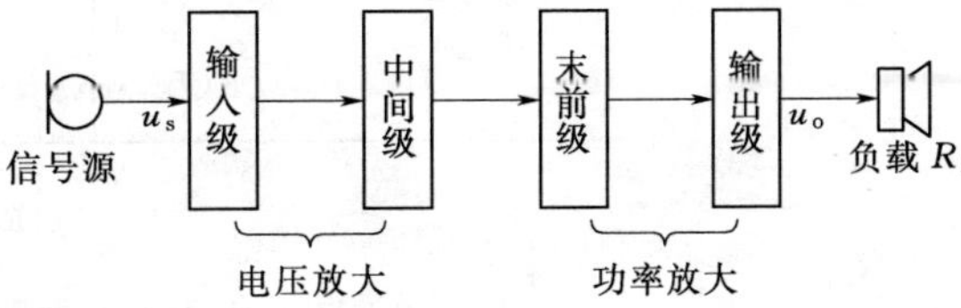

图 3.28 音频功放多级放大电路结构图

图 3.28 为音频功放多级放大电路的组成框图，其中的输入级和中间级主要用作电压放大，可将微弱的输入电压放大到足够大的幅度。后面的末前级和输出级用作功率放大，以带动负载工作。

3.4.1 多级放大电路电压放大倍数 A_u、输入电阻 R_i 和输出电阻 R_o

图 3.29 为一个三级放大电路示意图，该电路的输入信号为 u_i，输出信号为 u_o，前级的输出信号就是后级的输入信号，各级的输入信号分别为 u_{i1}、u_{i2} 和 u_{i3}，输出信号分别为 u_{o1}、u_{o2} 和 u_{o3}，电压放大倍数分别为 A_{u1}、A_{u2} 和 A_{u3}。

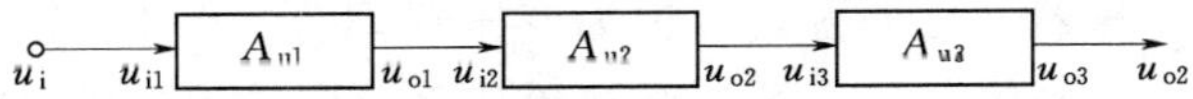

图 3.29 多级放大电路示意图

3.4.1.1 电压放大倍数

$$A_u=\frac{u_o}{u_i}=\frac{u_{o3}}{u_{i1}}=\frac{u_{o3}}{u_{o2}}\frac{u_{o2}}{u_{o1}}\frac{u_{o1}}{u_{i1}}=\frac{u_{o3}}{u_{i2}}\frac{u_{o2}}{u_{i1}}\frac{u_{o1}}{u_{i1}}=A_{u3}A_{u2}A_{u1} \tag{3.29}$$

多级放大电路的电压放大倍数等于各单级电压放大倍数的乘积。假设各级的放大倍数均为 20 倍，则三级放大电路的总放大倍数可以达到 8000 倍。

在分立元件放大电路中，计算末级以外各级的电压放大倍数时，应将后级的输入电阻作为前级的负载进行计算。

3.4.1.2 输入电阻

多级放大电路的输入电阻 R_i 就是第一级的输入电阻 R_{i1}，即

$$R_i=R_{i1}$$

3.4.1.3 输出电阻

多级放大电路的输出电阻等于最后一级（第 n 级）的输出电阻。

3.4.2 多级放大电路级间耦合方式

多级放大电路内部各级之间的连接方式，称为耦合方式。常用的有阻容耦合、变压器耦合和直接耦合等。

3.4.2.1 阻容耦合

图 3.30 是用电容 C_2 将两个单级放大电路连接起来的两级放大电路。可以看出，第一

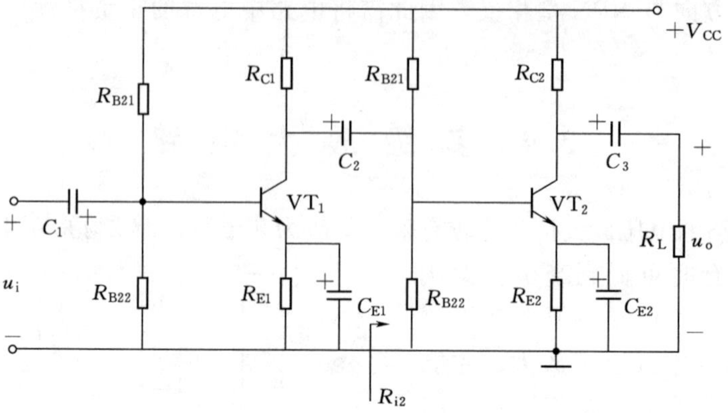

图 3.30 两级变压器阻容耦合放大电路

级的输出信号是第二级的输入信号，第二级的输入电阻 R_{i2} 是第一级的负载。这种通过电容和下一级输入电阻连接起来的方式，称为阻容耦合。

阻容耦合的特点是：由于前、后级之间是通过电容连接的，所以各级的直流电路互不相通，静态工作点各自独立，这样对电路的设计、调试和维修带来很大的方便。但由于耦合电容串接在信号通道中，对低频信号的阻碍作用大，低频信号衰减明显，故不适用于直流或缓慢变化信号的放大。

3.4.2.2 变压器耦合

级与级之间通过变压器连接的方式，称为变压器耦合。图 3.31 所示电路为变压器耦合两级放大电路，第一级与第二级、第二级与负载之间均采用变压器耦合方式。

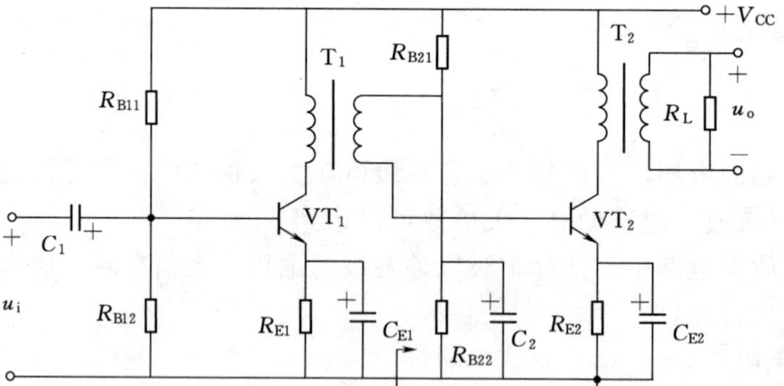

图 3.31 两级变压器阻容耦合放大电路

变压器耦合由于变压器隔断了直流，所以各级的静态工作点也是相互独立的，并且在传输信号的同时，变压器还有阻抗变换作用，以实现阻抗匹配。但是，它的频率特性较差，常用于选频放大（如收音机中频放大）或要求不高的功率放大电路。

3.4.2.3 直接耦合

前级的输出端直接与后级的输入端相连接的方式（也可以通过电阻连接），称为直接耦合，如图 3.32 所示。

直接耦合放大电路各级的静态工作点相互影响、相互牵制，需要通过科学选择放大电路形式，合理安排各级的直流电平，使它们之间能正确配合。直接耦合电路的频率特性好，变化缓慢的信号甚至是直流信号都可以正常耦合放大，这个特点也容易引发零点漂移现象，就是当直接耦合放大电路没有输入信号（输入信号为零）时，其输出端仍然有一定幅值的信号输出。产生零点漂移的原因是由于环境温度变化引发的前级放大电路的缓慢变化电压，通过直接耦合传到下一级并被逐级放大，在输出端形成幅值明显的附加干扰信号，这个信号将严重干扰甚至淹没有用信号，使电路无法正常放大信号，需要采用差动放大电路来加以克服。

由于直接耦合只用导线或电阻等元件，便于集成（大容量的电容和线圈都很难集成），故直接耦合在集成电路中得到了广泛的应用。

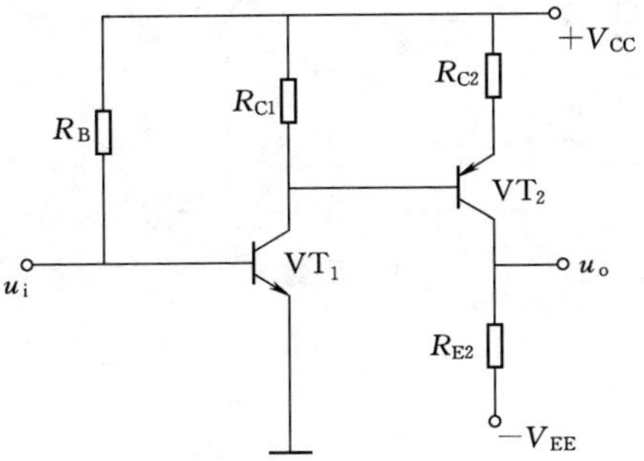

图 3.32 两级直接耦合放大电路

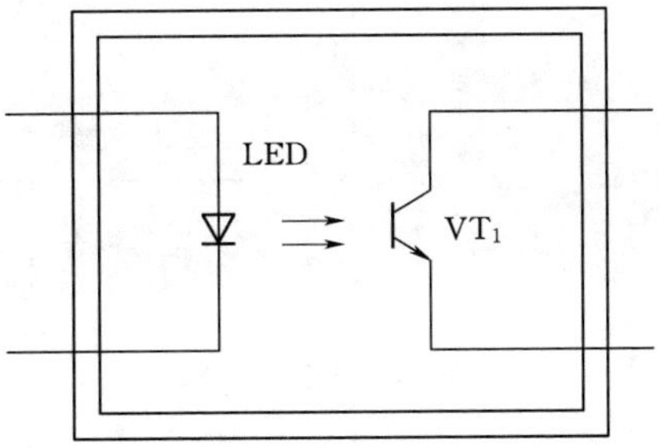

图 3.33 光电耦合

3.4.2.4 光电耦合

前一级放大电路和后一级放大电路之间，用光来传输电信号的耦合方式称为光电耦合，如图 3.33 所示。前一级的输出信号通过红外发光二极管发出的红外线，照射在下一级的光敏晶体管上再还原为电信号。光电耦合既可以传输交流信号，也可以传输直流信号，还能实现前后级的电隔离，便于集成化。

3.5 放大电路的频率响应

理论分析和实践表明，任何放大电路都只能对某个频率范围内的信号有较好的放大作用，对于超出这个频率范围以外的信号，放大能力就回明显下降。

放大电路的频率特性（或频率响应）包括幅频特性和相频特性两个方面，前者是增益和频率之间的关系，后者是相移和频率之间的关系。频率特性差的放大电路通频带窄，一旦超出工作带宽，就会出现增益严重下降（幅频特性差）或相移严重（相频特性差），而频率特性好的放大电路可以在很宽的频带范围内保持稳定的增益和较小的相移误差。

在阻容耦合放大电路中，由于存在级间耦合电容、发射极旁路电容以及三极管 BE、BC 之间的结电容等，它们的容抗随频率的变化而变化，对于不同频率的信号，输出电压会发生变化，因而电压放大倍数也发生变化。放大电路的电压放大倍数与频率的关系称为幅频特性。图 3.34 所示的分别是阻容耦合单级放大电路的幅频特性和相频特性。它说明，

在阻容耦合放大电路的某一段频率范围内，电压放大倍数$|A_u|$与频率无关，是一个常数。随着频率的增高或降低，电压放大倍数要减小。同时输出电压与输入电压之间的相位差也随输入信号的频率而改变，这种特性称为相频特性。当放大倍数下降为$\left|\frac{A_u}{\sqrt{2}}\right|$（$0.707|A_u|$）时所对应的两个频率，分别称为下限频率 f_L 和上限频率 f_H。在这两个频率之间的频率范围，称为放大器的通频带，它是放大器频率响应的一个重要指标。通频带越宽，表示放大器工作的频率范围越宽。下面就幅频特性作一简单说明。通常定义放大器的通频带（又称为带宽）$BW=f_H-f_L$。

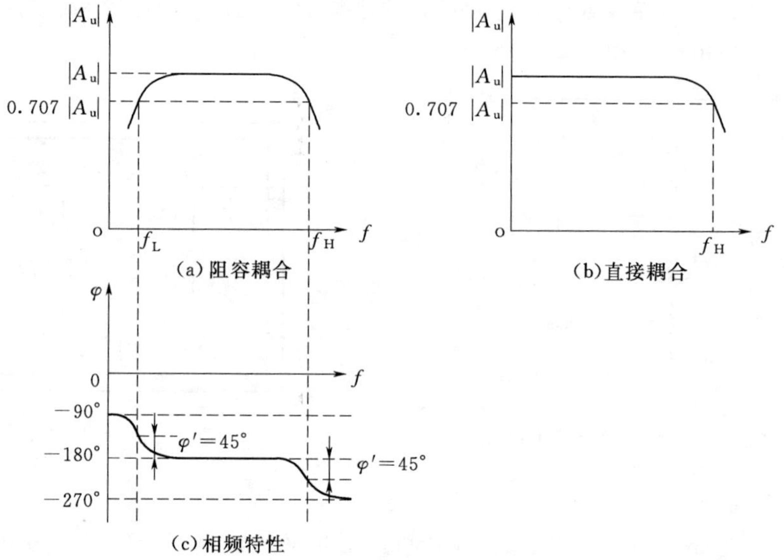

图 3.34　放大电路单级的频率特性

以图 3.34 所示电路为例，在分析放大电路的频率特性时，将频率范围分为低、中、高 3 个频段。

在低频段，由于耦合电容 C_1、C_2 和射极电容 C_E 的阻抗增大，信号通过这些电容时就被明显衰减，并且产生相移，输出电压减小，放大倍数下降。增大这些电容的容量可以改善放大电路在低频段放大倍数下降的情况。

在中频段，由于级间耦合电容和射极旁路电容的容量较大，故对中频段信号的额容抗很小，可视为短路。三极管的级间电容和导线的分布电容等，这些电容均很小，可认为其等效电容 C 并联在输出端上，基本不影响放大倍数，可视为开路。所以，在中频段可以认为电容不影响交流信号的传递，放大倍数最大。

在高频段，由于信号频率较高，耦合电容和旁路电容的容抗很小，对信号的衰减作用可以忽略。但三极管结电容 C_{BC} 的容抗随信号频率升高而减小，对信号分流作用增大，从而降低了放大电路的放大倍数，同时产生了相移。另外，三极管的电流放大倍数 β 在高频段会降低，也导致了放大电路的放大倍数进一步降低。选用结电容 C_{BC} 小的高频三极管可以提高放大电路在高频段的电压放大倍数。

图 3.34（b）为直接耦合放大电路的幅频特性，由于在信号传输通道中没有耦合电容，低频段信号损耗很小，低频段电压放大倍数并不降低，展宽了通频带。适用于放大直流或者变换缓慢的交流信号（如温度、压力、压力等）信号。

3.6 差动放大电路

差动放大电路又称为差分电路，它不仅能有效地放大交流信号，而且能有效地减小由于电源波动和晶体管随温度变化而引起的零点漂移，因而获得广泛的应用。特别是大量地应用于集成运放电路，它常被用作多级放大器的前置级。

基本差动放大电路由两个完全对称的共发射极单管放大电路组成，该电路的输入端是两个信号的输入，这两个信号的差值，为电路有效输入信号，电路的输出是对这两个输入信号之差的放大。设想这样一种情景，如果存在干扰信号，会对两个输入信号产生相同的干扰，通过两者之差，干扰信号的有效输入为零，这就达到了抗共模干扰的目的。

差动放大电路的基本形式对电路的要求是：两个电路的参数完全对称，两个管子的温度特性也完全对称。

共模信号，在差动放大管 VT_1 和 VT_2 的基极接入幅度相等、极性相同的信号。

差模信号，在差动放大管 VT_1 和 VT_2 的基极分别加入幅度相等而极性相反的信号。

典型的差动放大电路如图 3.35 所示，电路有两个输入端和两个输出端，电路结构对称，对应位置的元器件的温度特性和参数相同，即 $R_{C1}=R_{C2}$，$R_{B1}=R_{B2}$，$\beta_1=\beta_2$，$V_{BE1}=V_{BE2}$，$r_{BE1}=r_{BE2}$，$I_{CBO1}=I_{CBO2}$，通常采用正负对称电源供电。输入电压从 u_{i1} 和 u_{i2} 送入，输出电压可以从 u_{o1} 和 u_{o2} 之间取出（$u_o=u_{o1}-u_{o2}$），称为双端输出，也可以从任一输出端对地取出，称为单端输出。

静态时，u_{i1} 和 u_{i2} 为零，由于电路和元器件参数对称，所以 $U_{C1}=U_{C2}$，$u_o=U_{C1}-U_{C2}=0$，没有信号输入，也没有信号输出，如图 3.36 所示。

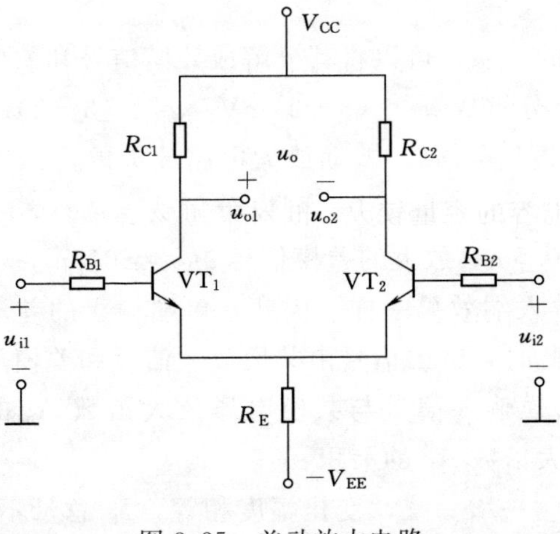

图 3.35　差动放大电路

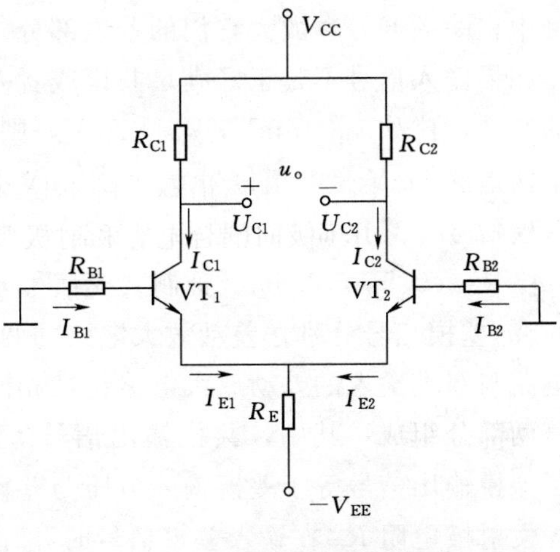

图 3.36　差动放大电路静态

给差动放大电路输入一对大小相等、极性相同的信号（称为共模信号）时，由于电路对称、输入电压相同，所以 u_{o1}、u_{o2} 同步变化，如图 3.37 所示（为直观起见，信号的增减用箭头表示），共模输出电压 $u_{oc}=u_{o1}-u_{o2}=0$，共模放大倍数 $A_{uc}=0$。差动放大电路的两个三极管处在相同的环境温度中，温度的变化对两个管子产生相同的影响，就类似共模信号的作用，因此，借助于电路的对称性，输出电压 u_o 中就可以将温度变化造成的零漂电压抵消，无法再向下一级传递。实际电路中，无法保证元器件的特性和参数完全一致，u_{o1} 和 u_{o2} 不能全部抵消，所以通常会有一个很小的共模电压输出，共模放大倍数 A_{uc} 很小。

给差动放大电路输入一对大小相等、极性相反的信号（称为差模信号）时，u_{o1} 和 u_{o2} 分别向相反的方向作等幅变化，如图 3.38 所示，差模输出电压 $u_{od}=u_{o1}-u_{o2}=u_{o1}-(-u_{o1})=2u_{o1}$，差模放大倍数 $A_{ud}=\frac{u_o}{u_i}=\frac{u_{o1}-u_{o2}}{u_{i1}-u_{i2}}=\frac{2u_{o1}}{2u_{i1}}=A_{u1}$，即在双端输出的情况下，差动放大电路对差模信号有放大作用，放大能力等于单边电路的放大倍数。

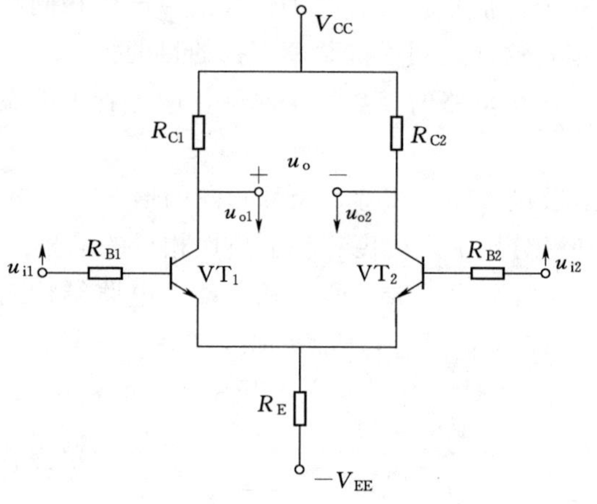

图 3.37　共模输入

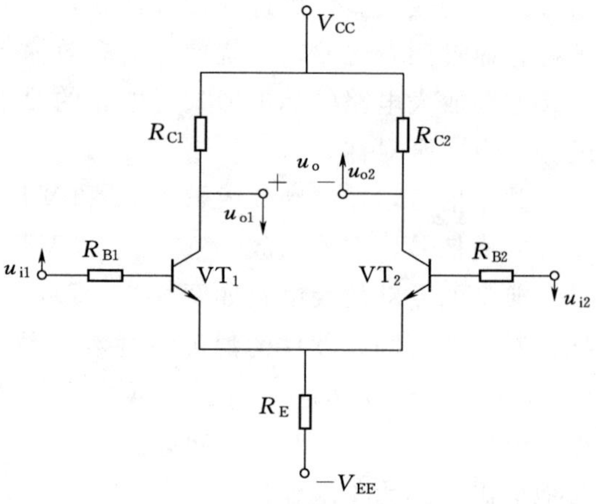

图 3.38　差模输入

因此，差动放大电路具有抑制共模信号、放大差模信号的功能，也就是抑制两个输入信号中相同的部分，放大它们的差值部分。

如果输入信号不是正好满足共模或者差模的关系，可以将其分解成共模信号和差模信号的叠加，比如 $u_{i1}=5\text{mV}$，$u_{i2}=1\text{mV}$，则可以分解成 $u_{i1}=(3+2)\text{mV}$，$u_{i2}=(3-2)\text{mV}$，其中两边的 3mV 是共模信号 u_{ic}，±2mV 是差模信号 u_{id}，差动放大电路放大的是±2mV 的差模信号。又比如只有单端信号输入时，$u_{i1}=u_i$，$u_{i2}=0$，可以分解为 $u_{i1}=0.5u_i+0.5u_i$，$u_{i2}=0.5u_i-0.5u_i$，抑制共模信号 $u_{ic}=0.5u_i$，放大的差模信号 $u_{id}=\pm0.5u_i$，与将 $\pm0.5u_i$ 差模信号分别送差动放大电路的两个输入端效果一样，因此，单端输入的差动放大电路与双端输入的差动放大电路特性相同。此时，输出信号由共模放大信号和差模放大信号两部分组成，其中，共模输出信号等于共模输入信号与共模电压放大倍数 A_{uc} 的乘积，差模输出信号等于差模输入电压与差模放大倍数 A_{ud} 的乘积。

发射极电阻 R_E 在输入差模信号时，I_{E1}、I_{E2} 一增一减，变化幅度相等，I_E 总量不变，u_E 电压变化量为零，可视为交流短路，所以 R_E 对差模信号放大没有影响，如图 3.38 所示。在输入共模信号时，假设输入信号为正，I_{E1}、I_{E2} 同时增大，u_E 的升高值是单边电流

I_{E1}或I_{E2}引发升高值的2倍，类似$2R_E$的效果，导致净输入信号u_{BE}下降，R_E的这种强负反馈作用使共模放大倍数明显减小，如图3.37所示。

如果只从差动放大电路的一个输出端取输出信号，即单端输出，则输出信号的大小只等于双端输出信号幅值的一半，同时，输出电阻等于单边电路的输出电阻。

差动放大电路能够抑制共模信号，放大差模信号，通常用差模放大倍数A_{ud}与共模放大倍数A_{uc}的比值（称为共模抑制比）$K_{CMR}=\left|\frac{A_{ud}}{A_{uc}}\right|$或$K_{CMR}=20\lg\left|\frac{A_{ud}}{A_{uc}}\right|$dB来反映电路在这方面的综合性能，$K_{CMR}$越大表明对差模信号的放大能力和对共模信号的抑制能力就越强。

共模信号的作用：对两管的作用是同向的，将引起两管电流同量的增加，集电极电位也同量减小，因此，两管集电极输出共模电压U_o为零。因此差动电路对称时，对共模信号的抑制能力强。

差模信号的作用：由于信号的极性相反，因此VT_1管集电极电压下降，VT_2管的集电极电压上升，且两者的变化量的绝对值相等，差动电路的差模电压放大倍数等于单管电压的放大倍数。

当对差动电路的两个输入端加上一对大小相等、相位相反的差模信号，这时第一个管的射级电流增大，第二个管的射级电流减小，且增大量和减小量时时相等。另外，由于输入差模信号，两管输出端电位变化时，一端升高，另一端则降低，且升高量等于降低量。

【例3.4】 在图3.39所示电路中，若$V_{CC}=V_{EE}=12V$，$R_{B1}=R_{B2}=1k\Omega$，$R_{C1}=R_{C2}=6.8k\Omega$，$R_E=6.8k\Omega$，三极管VT_1、VT_2的$\beta=50$。试求：

(1) 求每管的静态电流I_{C1}、I_{C2}。

(2) 接$R_L=6.8k\Omega$，求双端输出时的A_u、R_i、R_o。

(3) 接$R_L=6.8k\Omega$，求单端输出时的A_u、R_i、R_o、K_{CMR}。

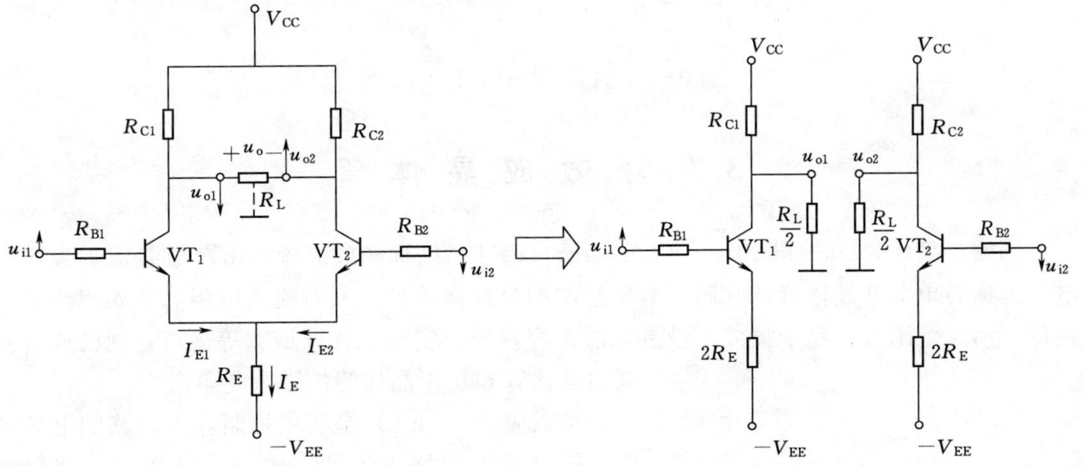

图3.39 双端输入、双端输出差动放大电路放大共模信号时的等效拆分

解：(1) 由图可得

$$I_{B1}=\frac{0-(-V_{EE})-U_{BE}}{R_{B1}+2(1+\beta)R_E}=\frac{0-(-12)-0.7}{1+2\times(1+50)\times6.8}\approx16.3(\mu A)$$

$$I_{C1}=I_{C2}=\beta I_{B1}=50\times16.3=0.82(\text{mA})$$

$$r_{be}=300+(1+\beta)\frac{26}{I_{E1}}=300+(1+50)\times\frac{26}{0.82}\approx1.9(\text{k}\Omega)$$

（2）双端输出时，差动放大电路的差模电压放大倍数等于单边电路的电压放大倍数。输入差模信号，负载 R_L 两端电位反相等幅变化，负载中点$\frac{R_L}{2}$处电位保持不变，可以看成交流零电位（参考点），因此，每边电路的负载电阻值（对地）实为$\frac{R_L}{2}$，发射极电阻 R_E 在差模信号输入时可以当成短路。

$$R_L'=R_C//\frac{R_L}{2}=\frac{6.8\times3.4}{6.8+3.4}\approx2.3(\text{k}\Omega)$$

$$A_u=A_{ud}=-\frac{\beta R_L'}{R_{B1}+R_{BE}}=-\frac{50\times2.3}{1+1.9}\approx-40$$

$$R_i=2(R_{B1}+R_{BE})\approx5.8(\text{k}\Omega)$$

$$R_o=2R_C\approx13.6(\text{k}\Omega)$$

（3）单端输出时，单边电路的负载电阻（对地）为 R_L，差动放大电路的差模电压放大倍数等于双端输出时的一半，而放大共模信号时，R_E 等效为 $2R_E$。

$$R_L'=R_C//R_L=\frac{6.8\times6.8}{6.8+6.8}\approx3.4(\text{k}\Omega)$$

$$A_{u1}=A_{ud1}=-\frac{\beta R_L'}{2(R_{B1}+R_{BE})}=-\frac{50\times3.4}{2\times(1+1.9)}\approx-29$$

$$A_{uc1}=-\frac{\beta R_L'}{r_{be}+2(1+\beta)R_E}\approx-\frac{R_L'}{2R_E}=-\frac{3.4}{2\times6.8}\approx-0.25$$

$$R_i=2(R_{B1}+R_{BE})\approx5.8(\text{k}\Omega)$$

$$R_o=R_C\approx6.8(\text{k}\Omega)$$

$$K_{CMR}=20\lg\left|\frac{A_{ud}}{A_{uc}}\right|=20\lg\left|\frac{-29}{-0.25}\right|\approx41(\text{dB})$$

3.7　场效应晶体管

场效应晶体管（Field Effect Transistor，FET）简称场效应管。由多数载流子参与导电，也称为单极型晶体管。它属于电压控制型半导体器件，具有输入电阻高、噪声小、功耗低、动态范围大、易于集成、没有二次击穿现象、安全工作区域宽等优点，现已成为双极型晶体管和功率晶体管的强大竞争者。

- 场效应晶体管
  - 绝缘栅型
    - 增强型
      - N 沟道
      - P 沟道
    - 耗尽型
      - N 沟道
      - P 沟道
  - 结型
    - N 沟道
    - P 沟道

图 3.40　场效应管的分类

场效应管（FET）是利用控制输入回路的电场效应来控制输出回路电流的一种半导体器件，并以此命名。

根据结构的不同，场效应管的分类如图 3.40 所示，可以分为结型和绝缘栅型两类，其中绝缘栅型应用更为广泛。

3.7.1 绝缘栅型场效应管

绝缘栅型场效应管的结构是金属-氧化物-半导体（Metal - Oxide - Semiconductor），简称MOS管。MOS管可以分为N沟道和P沟道两种，每一种又可以分为增强型与耗尽型两种类型，如图3.41所示。以N沟道为例，对绝缘栅场效应管的特性及其放大电路说明，P沟道场效应管的特性与之相似，只是电流电压极性相反，因此，在N沟道场效应管放大电路的基础上将电源、电容等的极性反过来，就构成对应的P沟道场效应管放大电路。

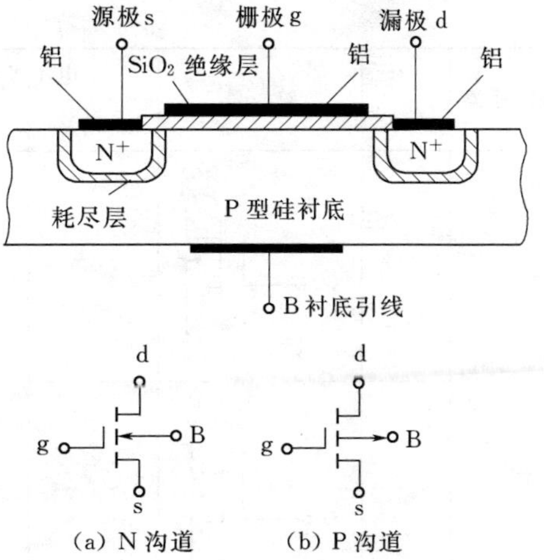

图3.41 耗尽型绝缘栅场效应晶体

绝缘栅型场效应管的工作原理（以N沟道增强型MOS场效应管为例）是利用UGS来控制“感应电荷”的多少，以改变由这些“感应电荷”形成的导电沟道的状况，然后达到控制漏极电流的目的。在制造管子时，通过工艺使绝缘层中出现大量正离子，故在交界面的另一侧能感应出较多的负电荷，这些负电荷把高渗杂质的N区接通，形成了导电沟道，即使在VGS=0时也有较大的漏极电流ID。当栅极电压改变时，沟道内被感应的电荷量也改变，导电沟道的宽窄也随之而变，因而漏极电流ID随着栅极电压的变化而变化。

一些绝缘栅场效应管的型号和主要性能参数可参阅手册。各种场效应管的符号和特性曲线见表3.3。

表3.3 各种场效应管的符号和特性曲线

结构种类	工作方式	符号	电压极性		转移特性 $i_D=f(V_{GS})$	输出特性 $i_D=f(V_{DS})$
			V_P 或 V_T	V_{DS}		
N沟道 MOSFET	耗尽型	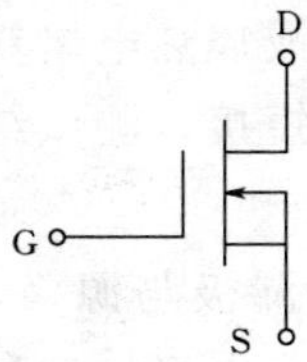	(−)	(+)	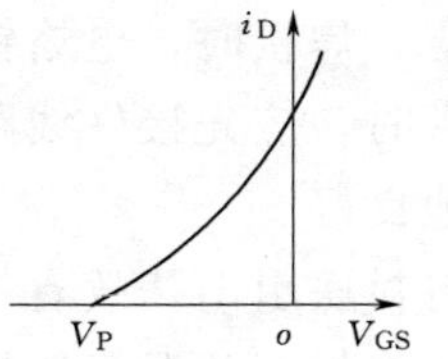	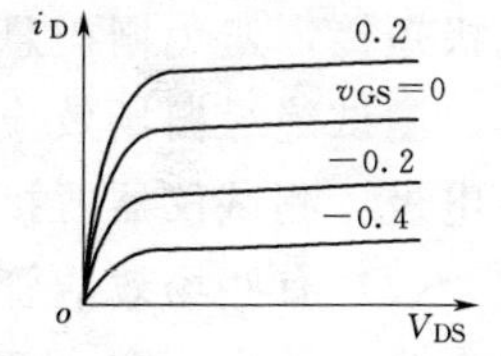
	增强型	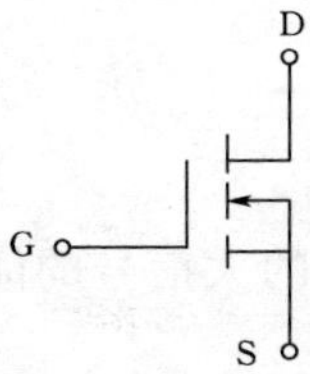	(+)	(+)	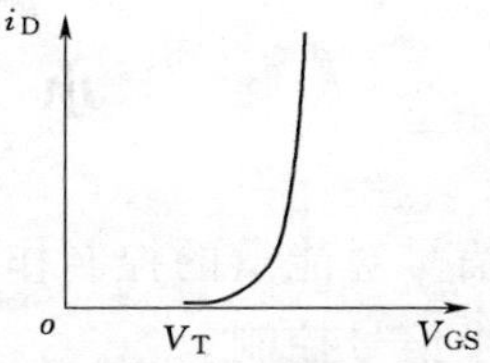	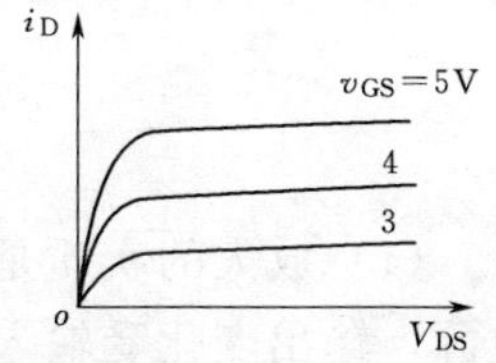

续表

<table>
<tr><th rowspan="2">结构种类</th><th rowspan="2">工作方式</th><th rowspan="2">符　号</th><th colspan="2">电压极性</th><th rowspan="2">转移特性
$i_D=f(V_{GS})$</th><th rowspan="2">输出特性
$i_D=f(V_{DS})$</th></tr>
<tr><th>V_P 或 V_T</th><th>V_{DS}</th></tr>
<tr><td rowspan="2">P 沟道
MOSFET</td><td>耗尽型</td><td>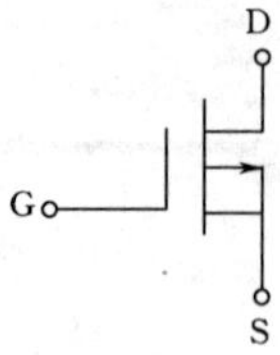
</td><td>(+)</td><td>(−)</td><td>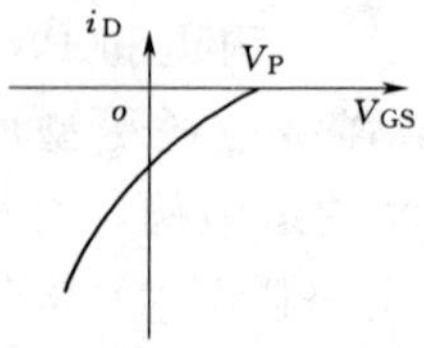
</td><td>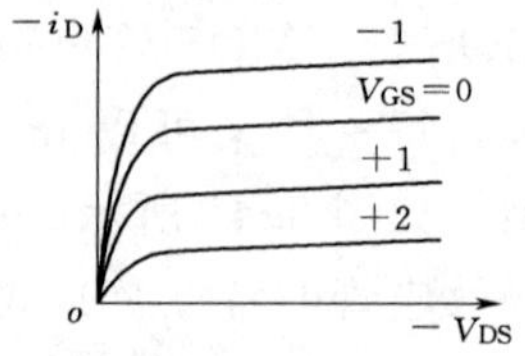
</td></tr>
<tr><td>增强型</td><td>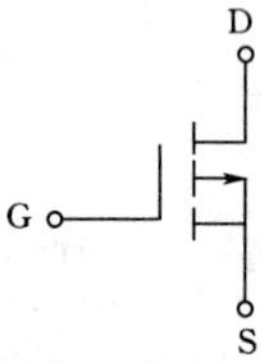
</td><td>(−)</td><td>(−)</td><td>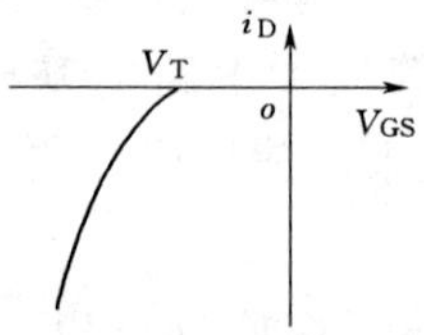
</td><td>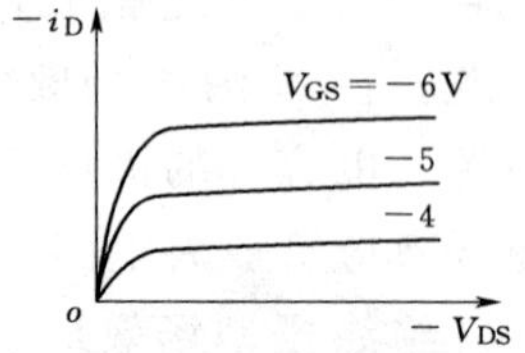
</td></tr>
<tr><td>P 沟道
JFET</td><td>耗尽型</td><td>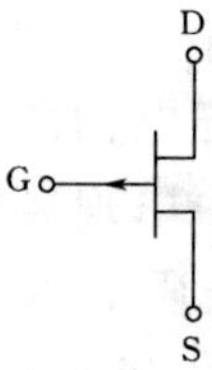
</td><td>(+)</td><td>(−)</td><td>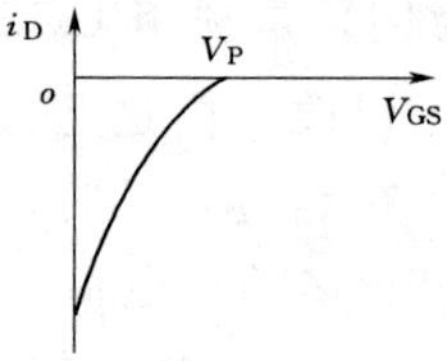
</td><td>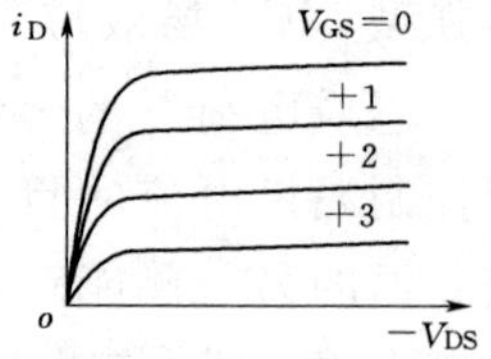
</td></tr>
<tr><td>N 沟道
JFET</td><td>耗尽型</td><td>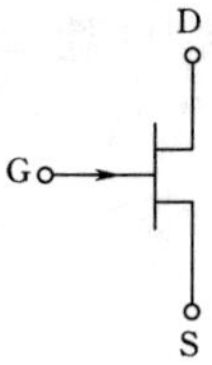
</td><td>(−)</td><td>(+)</td><td>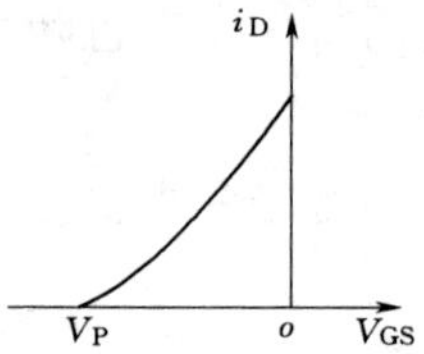
</td><td>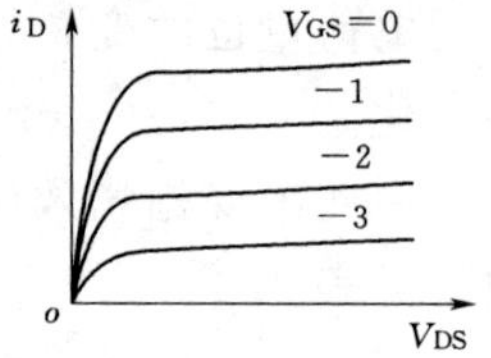
</td></tr>
</table>

3.7.2　使用场效应晶体管的注意事项

(1) 绝缘栅场效应管栅源极之间的等效电阻很高，使得栅源极的感应电荷不易释放，因极间电容很小，容易造成电压过高使绝缘栅击穿。因此，保存绝缘栅场效应管应使 3 个电极短接，避免栅极悬空。焊接时，电烙铁外壳应良好接地，或烧热电烙铁后切断电源再焊。测试绝缘栅场效应管时，应先接好线路再除去电极直接的短接，测试结束后应先短接各电极。测试仪器要接地良好。

(2) 有些场效应管将衬底引出，故有 4 个管脚，这种管子漏极与源极可以互换使用。但有些场效应管在内部已将衬底与源极连接在一起，只引出 3 个电极，这种管子的漏极和源极不能互换使用。

小　结

(1) 放大的实质是信号对能量的控制作用，放大电路输出的大信号的能量主要来源于电源，输出变化受输入小信号控制。

(2) 三极管是一种电流控制器件，基极小电流可以控制集电极电流的变化，从而具有了电流放大（控制）的能力。根据两个电流的相对关系，三极管的工作状态可以分为截止、放大和饱和3个状态，三极管的输出特性曲线分为截止、放大、饱和和击穿4个区。

（3）用三极管组成放大电路，应遵循以下原则：要保证三极管处于放大状态，有合适的静态工作点，要放大的交流小信号能输入，放大后的交流信号能输出。

（4）合适的静态工作点是信号放大的基础，对放大电路进行分析包括静态分析和动态分析两个部分，静态分析通过计算三极管的电压电流值，判断三极管是否工作在放大状态，动态分析通过小信号等效电路计算放大电路的性能参数。

（5）三极管放大电路有共射、共集和共基3种电路形式，共射电路的电压放大倍数较大，应用广泛，其中具有稳定静态工作点作用的分压偏置电路较为常见；共集电路输入电阻高，输出电阻小，电压放大倍数接近1，适用于信号的跟随；共基电路输入电阻小，适用于高频放大。

（6）多级放大电路常见的耦合方式有阻容耦合、直接耦合、变压器耦合以及光电耦合。多级放大电路的电压放大倍数是各级电压放大倍数的乘积。

（7）频率响应反映了放大电路对不同频率的信号的放大能力。低频段由于耦合电容及射极旁路电容的存在导致放大倍数下降；高频段由于三极管级间电容和分布电容的影响导致放大倍数下降。

（8）采用直接耦合的多级放大电路容易出现零点漂移，它是由于环境温度的变化导致三极管参数发生改变引起的。

（9）差动放大电路通过对称电路以及公共射极电阻的负反馈作用，有效地减少了温度变化对电路的影响。差动放大电路分单端输入和双端输入，单端输出和双端输出，共有4种电路形式，影响电路性能参数的主要是输出端的连接方式。

（10）场效应晶体管是电压控制型器件，利用栅源极电压控制漏极电流，得到了越来越广泛的应用。

练 习 题

1. 填空题

（1）三极管具有电流放大作用的实质是利用________电流实现对________电流的控制。

（2）三极管在电路中的3种基本连接方式分别是________、________和________。

（3）有两只三极管，A管的$\beta=200$，$I_{CEO}=200\mu A$；B管的$\beta=80$，$I_{CEO}=10\mu A$，其他参数大致相同，一般应选用________管。

（4）某三极管的发射极电流$i_E=1mA$，基极电流$i_B=20\mu A$，则其集电极电流$i_C=$________，电流放大系数等于________。

（5）放大电路的输出电阻小，向外输出信号时，自身损耗少，有利于提高________能力。

（6）当NPN硅管处于放大状态时，在3个电位当中，以________极电位最高，________极电位最低，________极与________极的电位之差等于________。

(7) 设某晶体管处于放大状态，3个电极的电位分别是 $V_E=12V$、$V_B=11.7V$、$V_C=6V$。则该管的导电类型为________型，用半导体材料________制成。

(8) 已知某三极管处于饱和状态，电极1、2、3的电位分别是5.3V、5.6V、6V。则电极1是________极，电极2是________极，电极3是________极。

(9) 三极管放大电路低频段放大倍数的降低是由于________和________的影响，高频段放大倍数的降低是由于________和________的影响。

(10) 为了抑制直流放大电路零点的温度漂移，可采用________电路。

(11) 电路的对称性越________，R_E 的负反馈作用越________，则差动放大电路抑制零漂的能力越差，它的 K_{CMRR} 就越________。

(12) 当差动放大电路两边的输入电压分别为 $u_1=3mV$、$u_2=-5mV$ 时，输入信号中的差模分量为________，共模分量为________。

(13) 三极管放大电路低频段放大倍数的降低是由于________和________的影响，高频段放大倍数的降低是由于________和________的影响。

2. 选择题

(1) 温度升高时，三极管的额电流放大倍数 β 将____________，穿透电流 I_{CEO} 将________，发射结电压 U_{BE} 将________。

A. 变大　　B. 不变　　C. 变小

(2) 已知放大电路中处于正常放大状态的某三极管的3个电极对地电位分别为 $V_E=6V$，$V_B=5.3V$，$V_C=0$，则该管为________。

A. PNP型锗管　　B. NPN型锗管　　C. PNP型硅管　　D. NPN型硅管

(3) 用直流电压表测得放大电路中某三极管电极1、2、3的电位分别是 $V_1=2V$，$V_2=6V$，$V_3=2.7V$，则________。

A. 1为E，2为B，3为C　　B. 1为E，2为C，3为B

C. 1为B，2为E，3为C　　D. 1为B，2为C，3为E

(4) 某NPN硅管在电路中测得各电极对地电压分别为 $V_E=3.3V$、$V_B=4V$、$V_C=12V$，则该三极管处于________。

A. 截止状态　　B. 放大状态　　C. 饱和状态　　D. 已损坏

(5) 对于直流通路而言，放大电路中的电容应视为________。

A. 直流电源　　B. 开路　　C. 短路

(6) 直接耦合放大电路的放大倍数越大，在输出端出现的零点漂移现象就________。

A. 严重　　B. 轻微　　C. 与放大倍数无关

(7) 在相同条件下，阻容耦合放大电路的零点漂移________直接耦合电路。

A. 大于　　B. 小于　　C. 等于

(8) 放大电路产生零点漂移的主要原因是________。

A. 放大倍数太大　　B. 环境温度变化引起器件参数变化

C. 外界存在干扰源

(9) 假设多级直流放大器中各级自生的零漂大体相同，则抑制零漂的重点应放在________。

A. 输入级　　B. 中间级　　C. 输出级　　D. 增益最高的那一级

3. 计算分析题

(1) 在图 3.42 所示的各三极管的实测对地电压数据中，分析各管的情况。

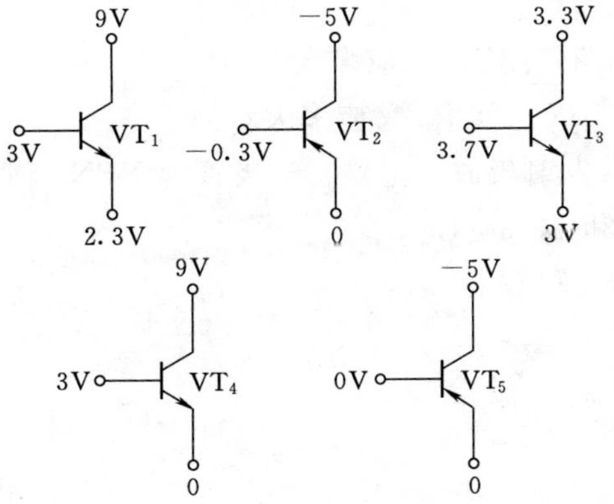

图 3.42　题 3 (1) 图

1) 各三极管是 NPN 型还是 PNP 型?

2) 各三极管是锗管还是硅管?

3) 各三极管是处于放大、截止还是饱和中的哪一种? 或是已经损坏 (指出哪一个结已经开路或短路)?

(2) 图 3.43 所示的各电路中，哪些可以实现正常的交流放大，哪些则不能?

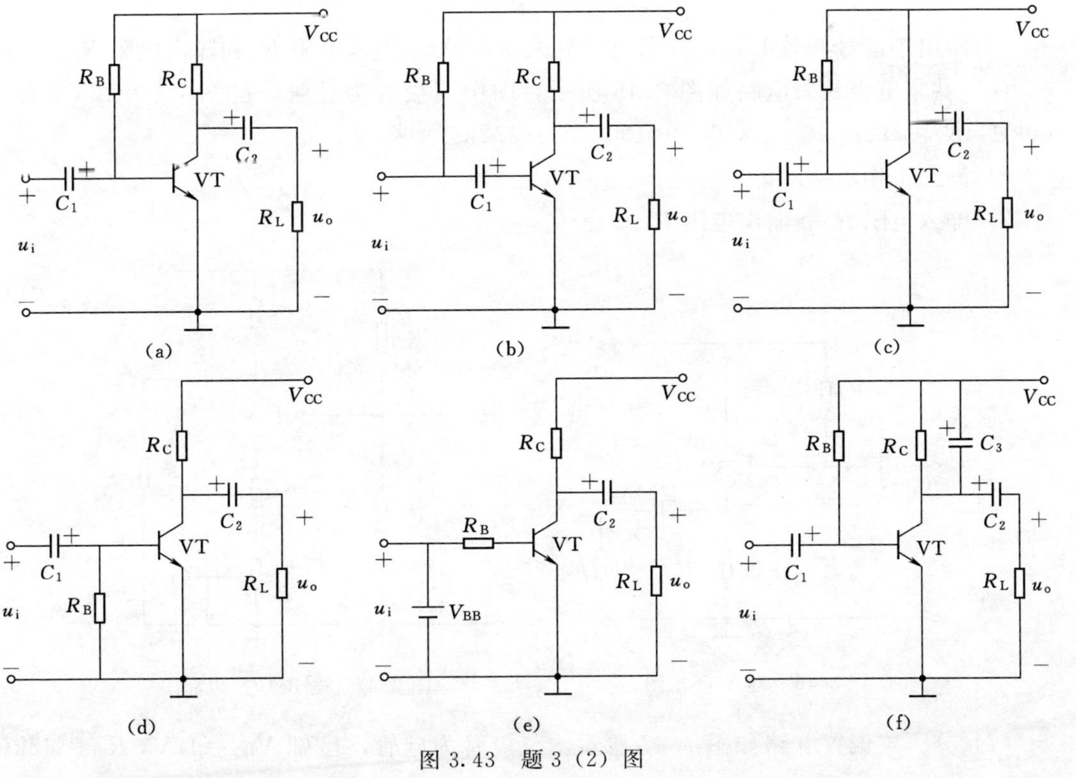

图 3.43　题 3 (2) 图

（3）在调试图 3.44（a）所示的放大电路时，出现图 3.44 所示（b）的输出波形，试判断是什么失真？如何调节 R_B 才能使其不失真？

（4）在上题电路中，设 $V_{CC}=9V$，$R_C=1.5k\Omega$，$\beta=50$，调节电位器可以调整放大器的静态工作点。

1）如果要求 $I_{CQ}=2mA$，问 R_B 值应多大？

2）如果要求 $U_{CEQ}=4.5V$，问 R_B 又应多大？

（5）图 3.45 为基本共发射极放大电路，三极管为 NPN 硅管，已知 $V_{CC}=12V$，$R_C=3k\Omega$，$R_B=470k\Omega$，$R_L=3k\Omega$，$\beta=100$。

1）估算静态工作点 I_{CQ} 和 U_{CEQ}。

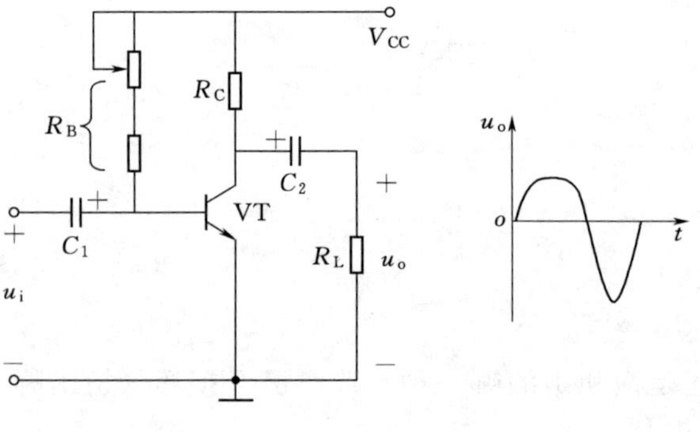

（a）　　（b）

图 3.44　题 3（3）图

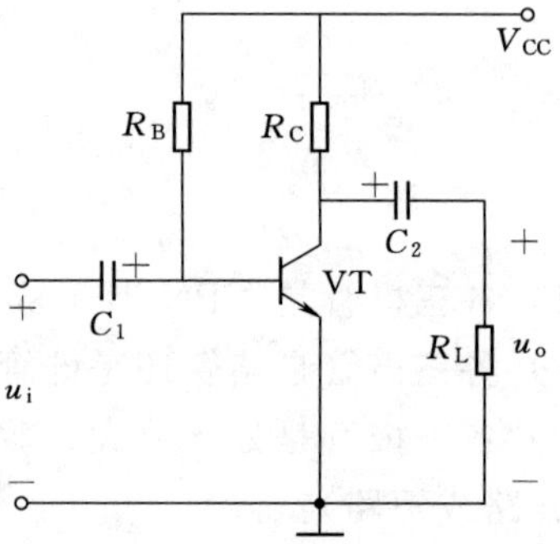

图 3.45　题 3（5）图

2）画出小信号等效电路，并求电压放大倍数 A_u，输入电阻 R_i 和输出电阻 R_o。

（6）共集电极放大电路如图 3.46 所示，图中三极管为硅管，已知 $V_{CC}=12V$，$R_B=200k\Omega$，$R_E=2k\Omega$，$R_L=2k\Omega$，$\beta=100$，$r_{be}=1.2k\Omega$。求：

1）静态工作点 I_{CQ} 和 U_{CEQ}。

2）输入电阻 R_i 和输出电阻 R_o。

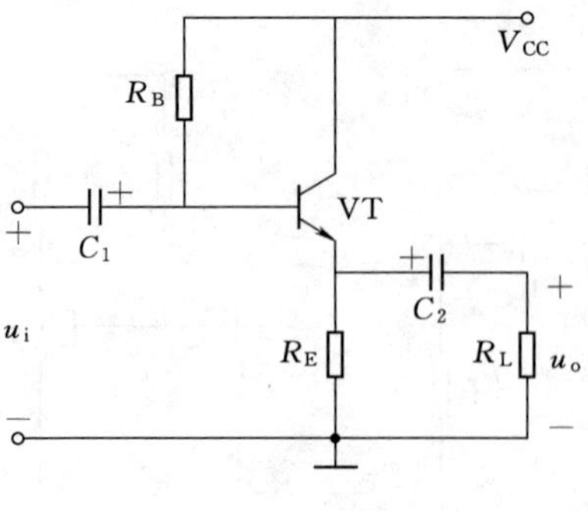

图 3.46　题 3（6）图

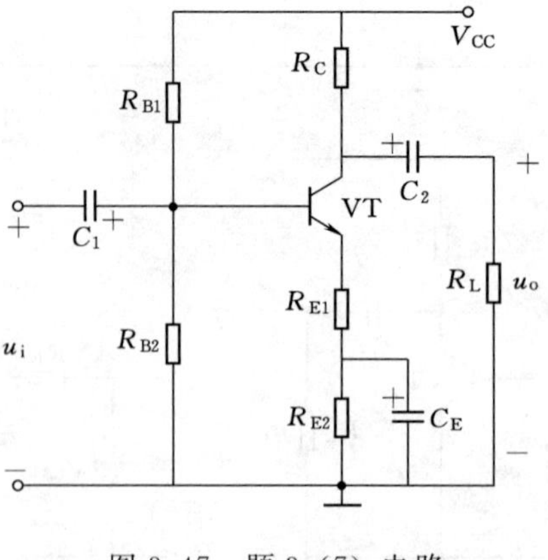

图 3.47　题 3（7）电路

（7）分压式偏置电路如图 3.47 所示，三极管为硅管，已知 $V_{CC}=12V$，$R_{B1}=68k\Omega$，

$R_{B2}=47k\Omega$，$R_C=3.9k\Omega$，$R_{E1}=200\Omega$，$R_{E2}=2k\Omega$，$R_L=5.1k\Omega$，$\beta=50$。

1）估算静态工作点 I_{CQ} 和 U_{CEQ}。

2）画出小信号等效电路，并求电压放大倍数 A_u，输入电阻 R_i 和输出电阻 R_o。

（8）有一双端输入双端输出的差动放大电路，已知输入 $u_{i1}=2V$，$u_{i2}=2.001V$，$A_{ud}=80dB$，$K_{CMRR}=100dB$，试求出输出电压 u_o 中的差模成分 u_{od} 和共模成分 u_{oc}。

（9）双端输出差动放大电路如图 3.48 所示，已知 $V_{CC}=9V$，$-V_{EE}=-9V$，$R_{C1}=R_{C2}=2k\Omega$，$R_{B1}=R_{B2}=5.1k\Omega$，$R_E=5.1k\Omega$，$r_{be}=2k\Omega$，$\beta=50$，两管的 $U_{BE}=0.7V$。求：

1）静态电流 I_{CQ1}。

2）差模电压放大倍数 A_{ud}。

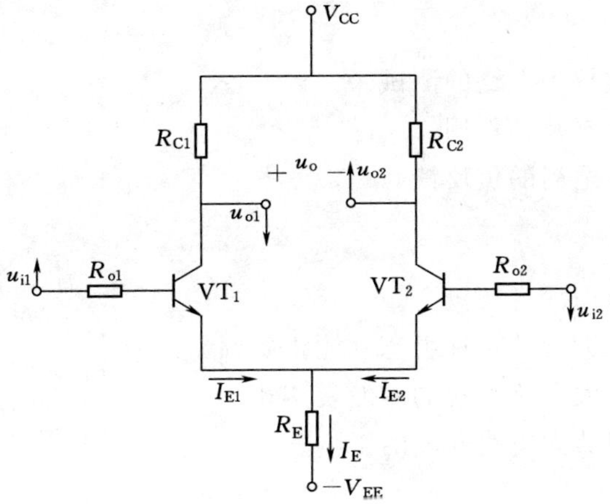

图 3.48　题 3（9）图

第 4 章

负反馈放大电路

本章介绍反馈的基本概念、负反馈放大电路的方框图和一般表达式、放大电路中引入负反馈的意义、各种形式的反馈及反馈的类型、负反馈放大电路的四种基本组态及其判别方法，各种负反馈对放大电路性能的影响。

能力目标：

（1）能进行负反馈放大电路的测试。

（2）能判断反馈组态及其作用。

（3）能按需求引入适当的负反馈。

知识目标：

（1）了解反馈、反馈深度的概念。

（2）理解负反馈放大器的 4 种组态并能正确判断。

（3）了解负反馈放大电路增益的一般表达式。

（4）理解负反馈对放大电路性能的影响。

4.1 负反馈放大电路测试

4.1.1 实训目的

（1）理解负反馈对放大电路性能的影响。

（2）了解负反馈放大电路性能的测试方法。

4.1.2 实训器材

本实训所用到的元件及工具见表 4.1。

表 4.1 元件工具表

名称	代号	型号	数量
三极管	VT_1、VT_2	3DG6	2
电阻	R_S、R_{L1}	4.7kΩ	2
电阻	R_{B1}	100kΩ	1
电阻	R_{C1}、R_{E1}、R_{E2}	2kΩ	3
电阻	R_{B21}、R_f	10kΩ	2
电阻	R_{B22}	5kΩ	1
电阻	R_{C2}	3kΩ	1

续表

名　称	代　号	型　号	数　量
电阻	R_{L2}	470Ω	1
电阻	R'_{E1}	100Ω	1
微调电位器	R_W	1MΩ	1
电容	C_1、C_2	10μF	2
电容	C_3	47μF	1
电容		100μF	1
电容		100pF	1
可调直流稳压电源（0～30V）			1
函数信号发生器			1
交流毫伏表			1
双踪示波器			1
万能电路板			1
万用表			1
连接导线			若干

4.1.3 实训电路

本实训电路图如图 4.1 所示。

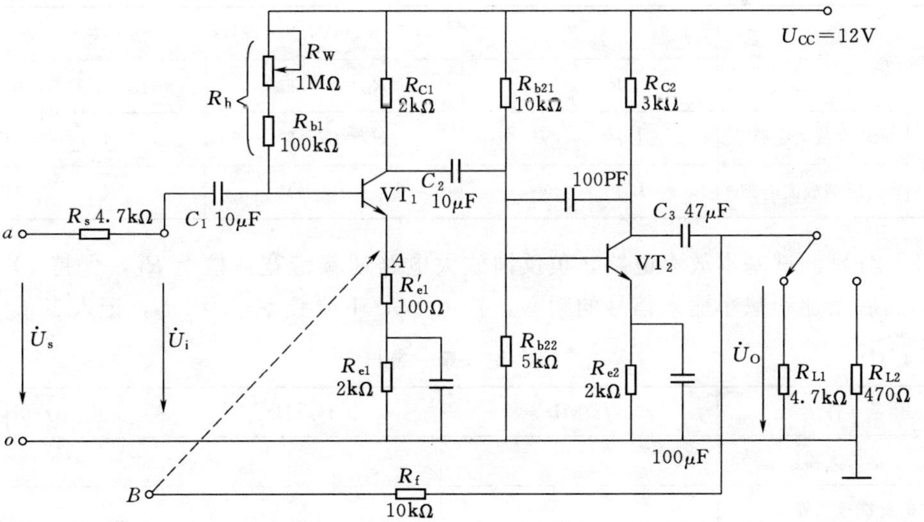

图 4.1　负反馈放大电路

4.1.4 实训步骤

（1）按所给实验电路图对照实验板，熟悉各元件安装位置，检查布线，将 B 点接地，这样就构成一个基本放大电路。

(2) 建立合适的静态工作点。在构成一个上述基本放大电路之后接通电源使 $U_{CC}=+12V$（注意极性）调解 R_W 使 U_{CQ}（U_{C1}）$=9V$，并测量其他各点电位，记于表 4.2 中。

表 4.2　　记　录　表

测量项目	U_{C1}	U_{BE1}	U_{E1}	$U_{B1}=U_{BE1}+U_{E1}$	U_{B2}	U_{E2}	U_{C2}
测量值							

(3) 测量基本放大电路性能（表 4.3）。

1) 测量基本放大电路的放大倍数 A_u。

从 a、o 间加入信号电压 $U_s(f=1kHz)$，使 $U_i=2mV$，负载开路，在输出波形不失真的情况下测 U_o，接入负载 $R_L=4.7k\Omega$，测 U_o'记入表 4.3。

2) 测量此时的 U_s（令为 U_{s1}）的数值，以作计算 r_i 用。

(4) 测量反馈放大电路性能（表 4.3）。

将"B"从"地"线中拆除，并与 A 点（即 VT_1 的发射极）相接，即构成了一个电压串联负反馈放大电路。

1) 测量反馈放大电路的放大倍数 A_{uf}。

从 a、o 间加入信号电压 $U_s(f=1kHz)$，使 $U_i=2mV$，负载开路，在输出波形不失真的情况下测量此时输出电压 U_{of}，接入负载 $R_L=4.7k\Omega$，测 U_{of}'，记入表 4.3。

2) 测出此时的 U_s（令为 U_{s2}），以作计算 r_{if}用。

表 4.3　　记　录　表

条　件		$U_i=2mV$，$f=1kHz$		
		$R_L=\infty$	$R_L=4.7k\Omega$	$R_s=4.7k\Omega$，$R_L=\infty$
待测值	基本放大电路	$U_o=$(　)V	$U_o'=$(　)V	$U_{s1}=$(　)V
	负反馈放大电路	$U_{of}=$(　)V	$U_{of}'=$(　)V	$U_{s2}=$(　)V

(5) 分别测试基本放大电路，负反馈放大电路通频带宽：接上 R_L，保持 1) 中的 U_s 不变，然后增加和减小输入信号的频率，找出上、下限频率 f_h 和 f_l，记入表 4.4。

表 4.4　　记　录　表

条　件	f_l/kHz	f_h/kHz	Δf/kHz
基本放大器			
负反馈放大器			

(6) 示波器观察，比较负反馈加入前后电路输出波形。

4.1.5　实训报告

(1) 将于基本放大器和负反馈放大器动态参数的实测量和理论估算值列表进行比较，分析误差原因。

(2) 根据实验结果，总结串联负反馈对放大器性能和影响。

4.2 负反馈放大器

4.2.1 反馈的基本概念

4.2.1.1 反馈

(1) 开环放大器。图 4.2 是一个由集成运算放大器（见第 5 章）组成的开环电路，信号只有从输入到输出一条通路，不存在其他的通路，特别是没有从输出到输入的通路。这种放大器就称为基本放大器，也称为开环放大器。

(2) 闭环放大器。所谓反馈，就是通过一定的电路形式（即反馈网络，一般由电阻或电容等元件组成），将放大电路输出量（电压或电流）的一部分或全部反向送回到输入端，来影响原输入量（电压或电流）的过程，如图 4.3 所示。由于放大电路与反馈网络组成一个回环，所以也称为闭环放大器，方框图如图 4.4 所示。

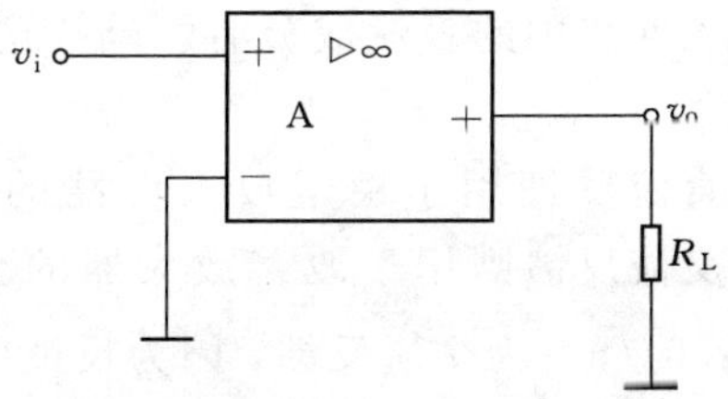

图 4.2 开环放大器

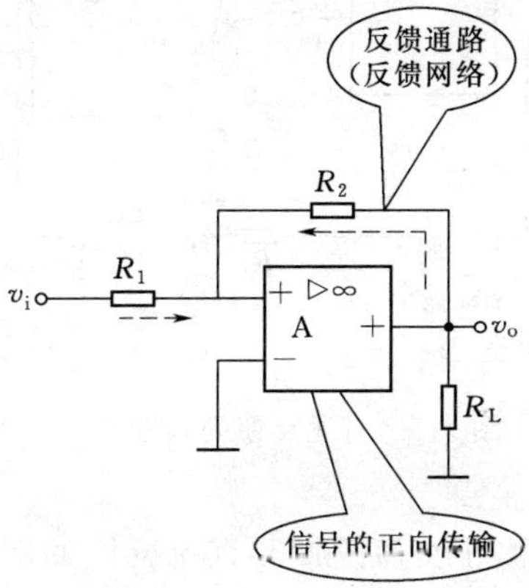

图 4.3 闭环放大器

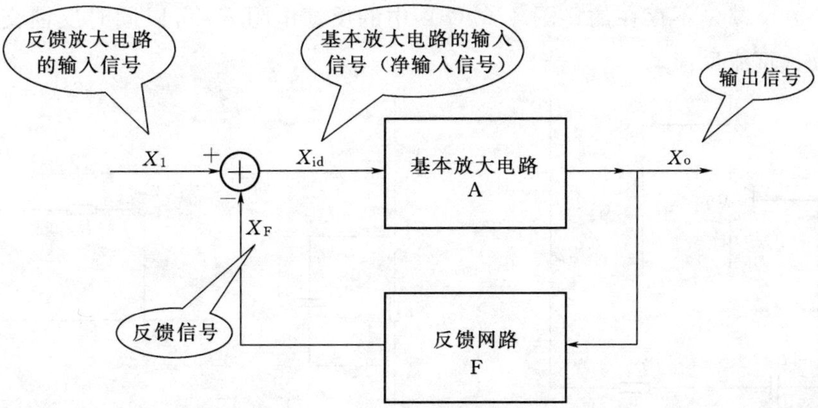

图 4.4 闭环放大器框图

相关定义及计算如下：

开环放大倍数：
$$A=\frac{X_o}{X_i'}$$

反馈系数：
$$F=\frac{X_f}{X_o'}$$

闭环放大倍数：
$$A_f=\frac{X_o}{X_i}$$

因为
$$X_i=X_i'+X_f=X_i'+FAX_i'$$

所以
$$A_f=\frac{X_o}{X_i}=\frac{A}{1+FA} \tag{4.1}$$

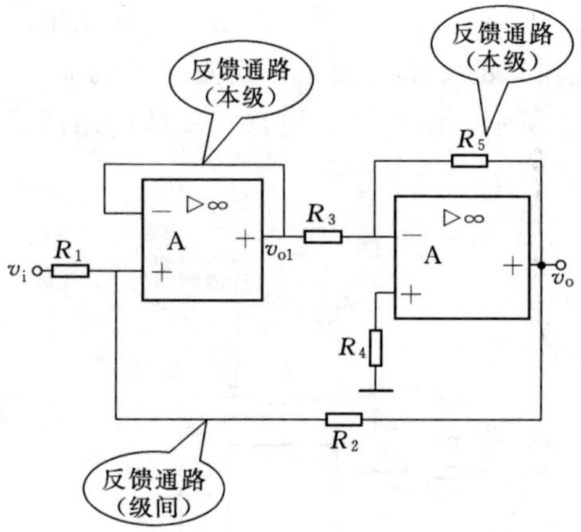

图 4.5　有无反馈的判断

（3）有无反馈的判断。判断一个电路是否有反馈，即看它是否存在反馈通路，如图 4.5 所示，有反馈通路即有反馈，反之则无。

4.2.1.2　反馈的分类

1. 交直流反馈的判断

按照反馈信号的成分来划分，可以分为交流反馈和直流反馈。若反馈信号仅有交流成分，仅对输入回路中的交流成分有影响，这就是交流反馈；若反馈的信号仅有直流成分，仅对输入回路中的直流成分有影响，这就是直流反馈。

直流反馈用于稳定放大电路的静态工作点，交流反馈则用于改善放大器的交流性能。图 4.6 给出了交流反馈和直流反馈的例子。图 4.6（a）为交流反馈，因为反馈电容 C_F 对直流信号相当于开路，所以不能反馈直流信号；图 4.6（b）为直流反馈，由于射极电容 C_E 对交流信号短路，所以在交流通路中，反馈支路 R_F 被短路，三极管的发射极相当于直接接地，交流反馈是不存在的；图 4.6（c）中的反馈电阻 R_F 可以同时反馈交流和直流信号，为交流、直流反馈。

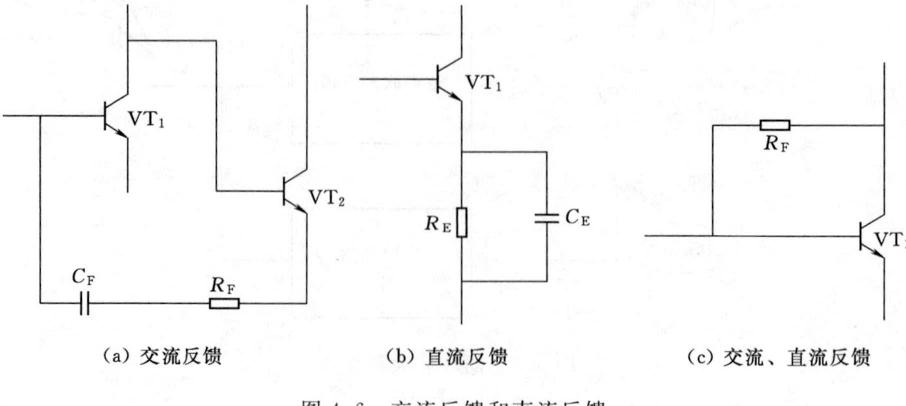

(a) 交流反馈　　(b) 直流反馈　　(c) 交流、直流反馈

图 4.6　交流反馈和直流反馈

2. 正负反馈的判断

按反馈信号对输入信号作用的不同（极性）可分为正反馈和负反馈。从输出端看，正反馈：输入量不变时，引入反馈后输出量变大了；负反馈：输入量不变时，引入反馈后输出量变小了。从输入端看，正反馈：引入反馈后，使净输入量变大了；负反馈：引入反馈后，使净输入量变小了。

判断电路的反馈极性我们一般用瞬时极性法：首先，将反馈支路在适当的地方断开（一般是在反馈支路与输入回路的连接处），再假定输入信号为某一瞬时极性（一般设为对地为正的极性）；然后，再根据各级输入、输出之间的相位关系，依次推断其他有关各点受瞬时输入信号作用所呈现的瞬时极性［用（＋）或（↑）表示升高，（－）或（↓）表示降低］；最后，看反馈到输入端的作用是加强了还是削弱了净输入信号，使净输入信号加强的为正反馈，削弱的为负反馈。

图 4.7 给出了在几种常见的负反馈中 X_i 和 X_f 之间的瞬时极性关系。具体的三极管正，负反馈如图 4.8 所示。

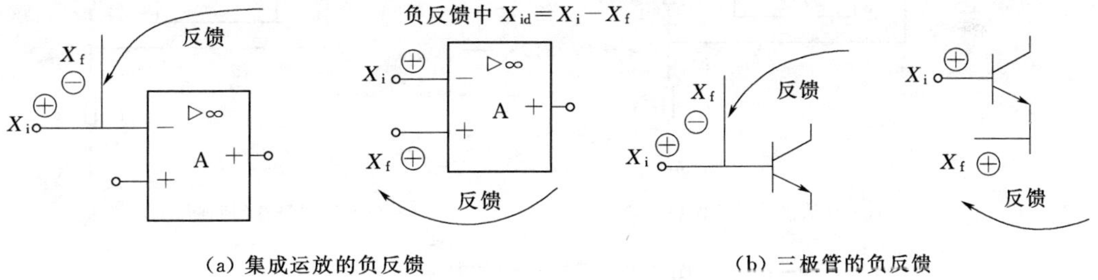

图 4.7　负反馈时 X_i 和 X_f 之间的瞬时极性关系

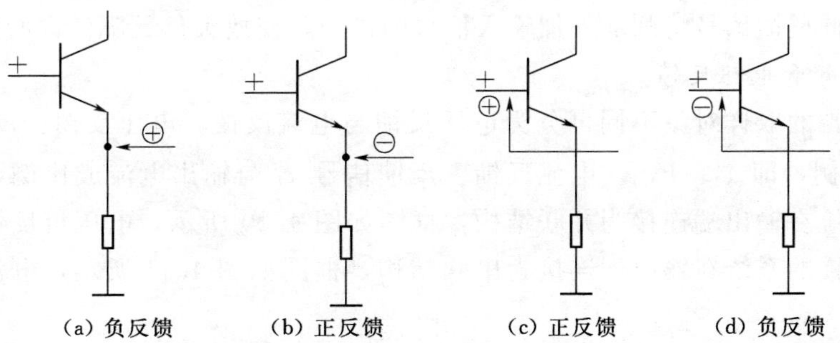

图 4.8　三极管正、负反馈的示意图

分析说明：图 4.8（a）中输入信号和反馈信号加在不同电极上，符号相同，故为负反馈；图 4.8（b）中输入信号和反馈信号加在不同电极上，符号相反，故为正反馈；图 4.8（c）中输入信号和反馈信号加在同一个电极上，符号相同，故为正反馈；图 4.8（d）中输入信号和反馈信号加在同一个电极上，符号相反，故为负反馈。

注意：图 4.8 中的＋和－表示输入信号的瞬时极性，⊕和⊖表示反馈信号经过反馈网络回到输入端的极性。

一般来说，如果要求稳定放大电路中某个电量，一般采用负反馈的方式。负反馈虽然损失了放大倍数，但能使其他各项性能得到改善，因此在电路中经常被采用。有时也用正反馈方式来获得较高的放大倍数，但要注意，正反馈太强将会使电路产生振荡。

【例 4.1】　判断图 4.9 的反馈极性。

解： 在 4.9（a）中假设加上一个瞬时极性为正的输入电压。因输入电压加在集成运放的反相输入端，故输出电压的瞬时极性为负，而反馈电压的由输出电压经电阻 R_2、R_3 分压后得到，因此反馈电压的瞬时极性也是负，但集成运放的差模输入电压等于输入电压与反馈电压之差，可见反馈电压增强了输入电压的作用，使放大倍数提高，因此是正反馈。

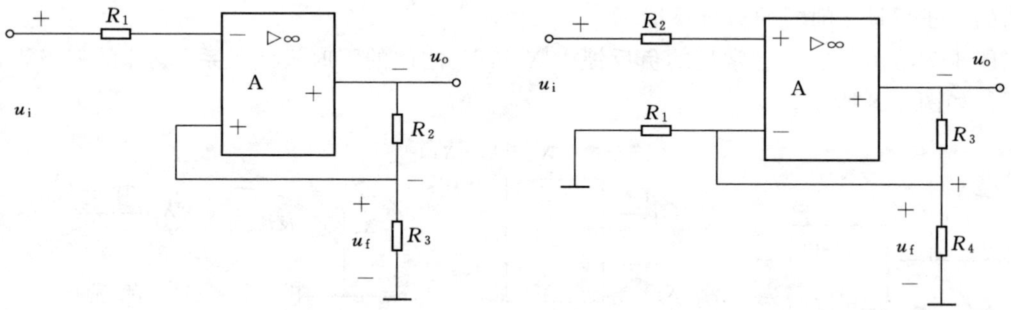

（a）反馈极性的判断（一）　　（b）反馈极性的判断（二）

图 4.9　反馈极性的判断

在图 4.9（b）中，输入电压加在集成运放的同相输入端，当其瞬时极性为正时，输出电压的瞬时极性也为正，输出端通过电阻 R_3、R_4 分压后交反馈电压引回到集成运放的反相输入端，此反馈信号将削弱外加输入信号的作用，使放大倍数降低，所以是负反馈。

3. 电流反馈和电压反馈

按在输出端的取样对象不同可分为电压反馈与电流反馈。电压反馈：反馈信号 x_f 和输出电压成比例，即 $x_f=Fv_o$。电流反馈：反馈信号 x_f 与输出电流成比例，即 $x_f=Fi_o$。电压反馈的系统在输出端连接为并联结构，框图如图 4.10 所示，电压负反馈能稳定输出电压。电流反馈的系统在输出端连接为串联结构，框图如图 4.11 所示，电流负反馈能稳定输出电流。

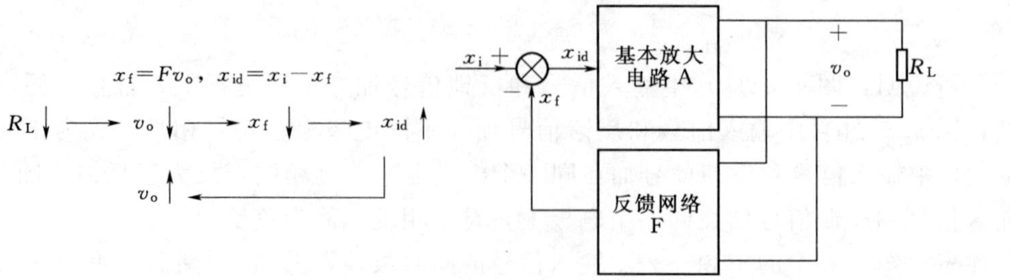

图 4.10　电压反馈系统

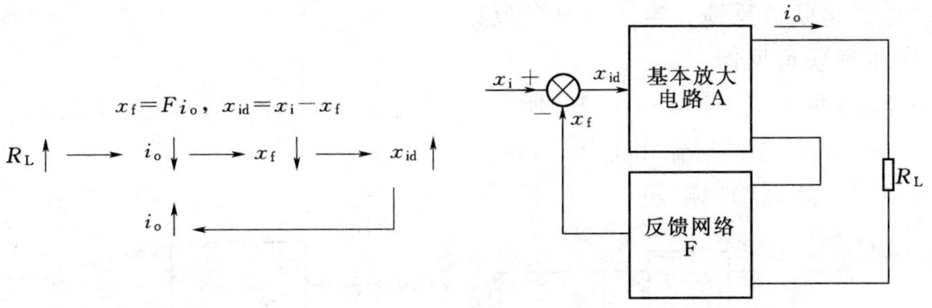

图 4.11　电流反馈系统

判断方法：负载短路法。

将负载短路（未接负载时输出对地短路），反馈量为零——电压反馈，如图 4.12 所示。将负载短路，反馈量仍然存在——电流反馈，如图 4.13 所示。

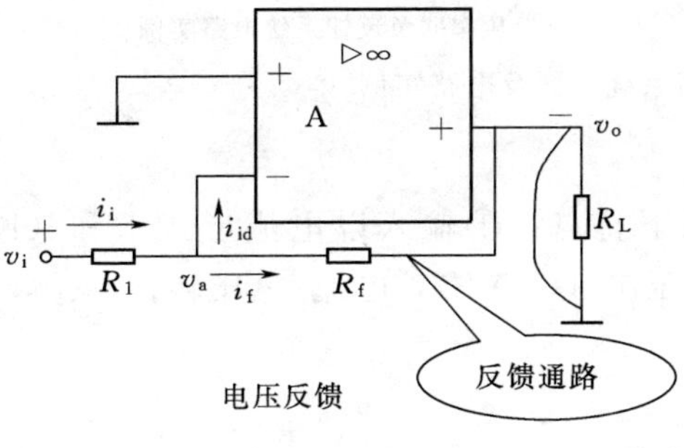

图 4.12　负载短路法判断电压反馈

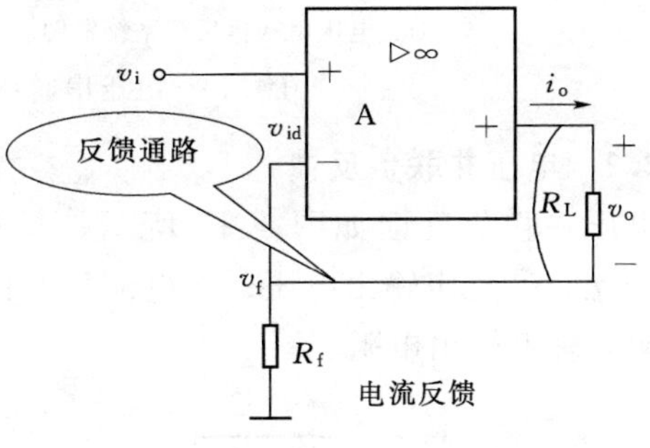

图 4.13　负载短路法判断电流反馈

4. 串联反馈与并联反馈

按反馈信号与输入信号的关系可分为串联反馈和并联反馈。串联反馈和并联反馈的判定方法：对于交变分量而言，若信号源的输出端和反馈网络的比较端接丁同一个放大器件的同一个电极上，为并联反馈，如图 4.14 所示；否则，为串联反馈，如图 4.15 所示。

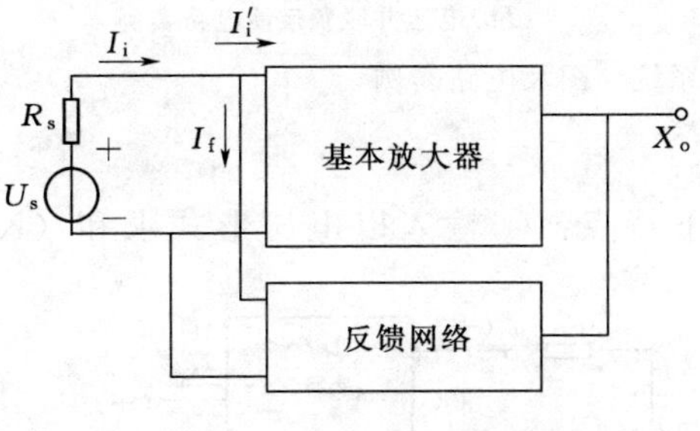

图 4.14　并联反馈示意图

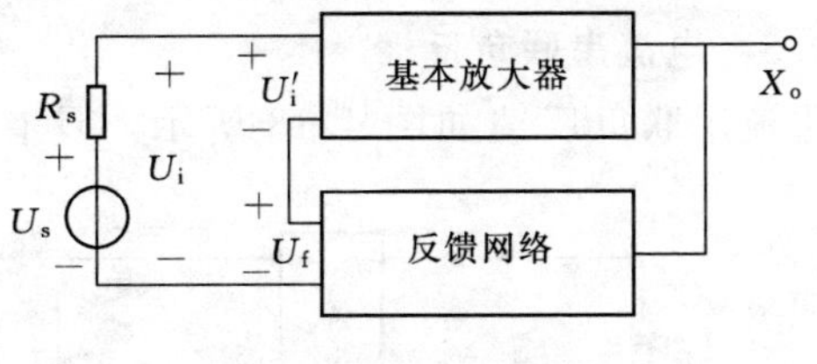

图 4.15　串联反馈示意图

4.2.2　负反馈的组态及其特点

根据以上分析可知，实际放大电路中的反馈形式是多种多样的，在这里我们将主要讨论其中的负反馈电路。

反馈网络在放大电路输入端的连接分为串联和并联两种方式；反馈信号在输出端分为电压取样和电流取样两种方式；所以，反馈电路可有四种组态：电压串联负反馈、电压并联负反馈、电流串联负反馈、电流并联负反馈。

4.2.2.1　电压串联负反馈

电压串联负反馈电路如图 4.16 所示，具有以下特点：①输入以电压形式求和（KVL）$v_{id}=v_i-v_f$；②稳定输出电压；③电压控制的电压源（VCVS），电压/电压转换；④增大输入电阻，降低输出电阻。

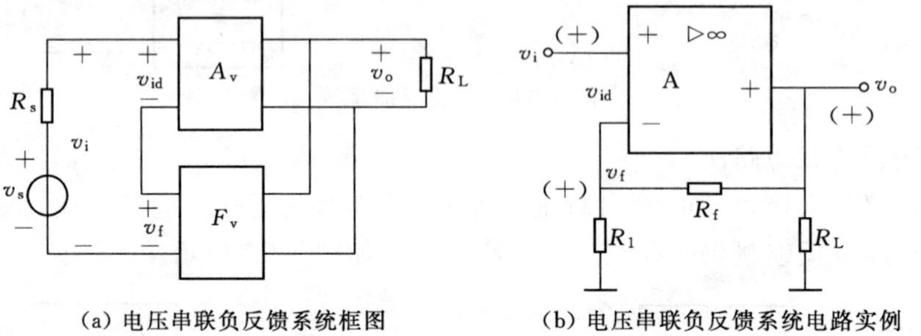

(a) 电压串联负反馈系统框图　　(b) 电压串联负反馈系统电路实例

图 4.16　电压串联负反馈系统框图及电路实例

4.2.2.2　电压并联负反馈

电压并联负反馈如图 4.17 所示，具有以下特点：①输入以电流形式求和（KCL）$i_{id}=i_i-i_f$；②稳定输出电压；③电流控制的电压源（CCVS），电流/电压转换；④降低输入电阻，降低输出电阻。

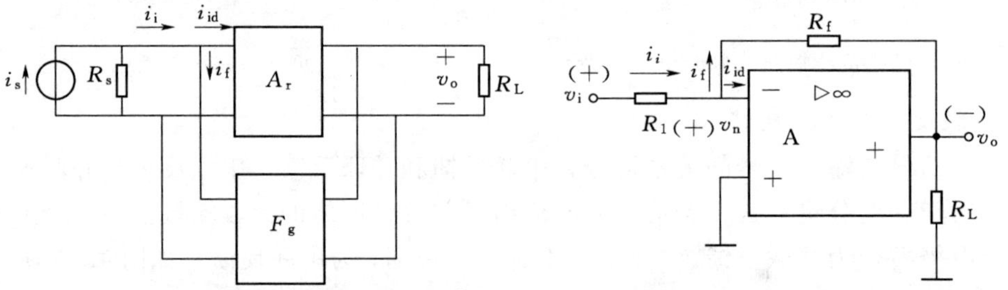

(a)电压并联负反馈系统框图　　(b)电压并联负反馈电路实例

图 4.17　电压并联负反馈系统框图及电路实例

4.2.2.3　电流串联负反馈

电流串联负反馈如图 4.18 所示，具有以下特点：①输入以电压形式求和（KVL）

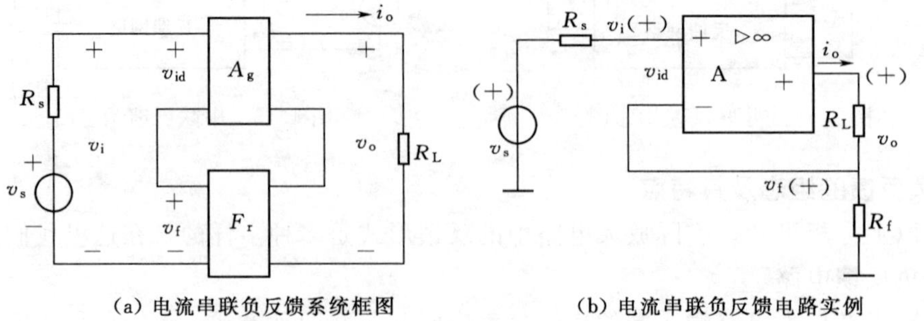

(a) 电流串联负反馈系统框图　　(b) 电流串联负反馈电路实例

图 4.18　电流串联负反馈系统框图及电路实例

$v_{id}=v_i-v_f$；②稳定输出电流；③电压控制的电流源（VCCS），电压/电流转换；④增大输入电阻，增大输出电阻。

4.2.2.4 电流并联负反馈

电流并联负反馈如图 4.19 所示，具有以下特点：①输入以电流形式求和（KCL）$i_{id}=i_i-i_f$；②稳定输出电流；③电流控制的电流源（CCCS），电流/电流转换；④降低输入电阻，增大输出电阻。

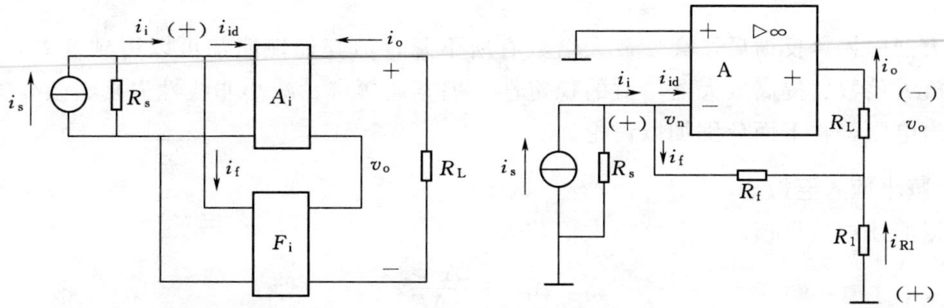

图 4.19 电流并联负反馈系统框图及电路实例

【例 4.2】 判断如图 4.20 所示电路的反馈类型和性质。

解： 要确定一个放大器中有没有反馈，就要观察有没有能把输出端和输入端连接起来的网络。在本电路中，电阻 R_4 和 R_f 能把输出端交流信号返回到输入端，故本电路中存在交流信号的反馈。C_4 是隔直电容，对交流可看作短路。

将负载 R_L 假想短路，R_f 右端接地，就不能把输出信号反馈到输入端去，所以反馈作用消失，故本电路是电压反馈。若去掉 C_5，将 C_4 右端改接到 VT_2 发射极，则成为电流串联正反馈。请自己判断一下。

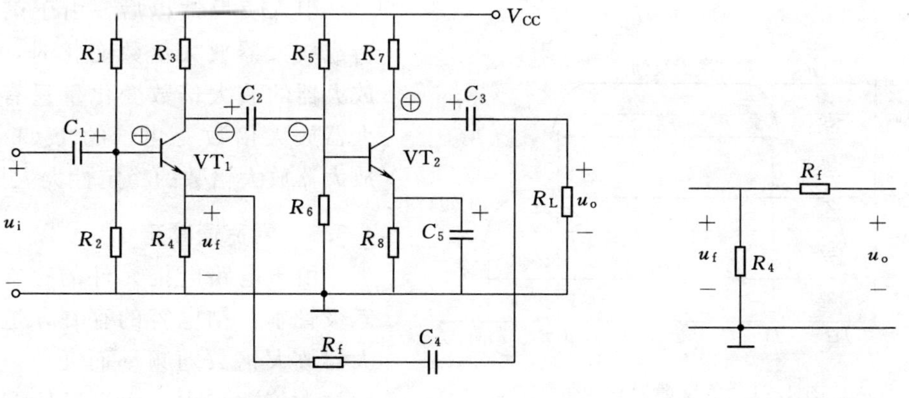

图 4.20 ［例 4.2］图

将放大器输入端假想短路（$u_i=0$），R_4 从 u_o 分到的电压仍能对放大器输入端产生作用，即反馈不消失，所以是串联反馈。R_4 上的电压是反馈电压 u_f，三极管 VT_1 的 BE 结上的电压是基本放大器输入电压 u_i'。

下面用瞬时极性法判断反馈性质。假定放大器输入端电位瞬时上升（用↑表示，下降则用↓表示），在电路中形成下述反馈过程：

$$u_i(u_{b1})\uparrow\rightarrow u_i'\uparrow\rightarrow u_{c1}\downarrow\rightarrow u_o\uparrow\rightarrow u_{e1}(u_f)\uparrow\rightarrow u_i'\downarrow$$

由此可见是负反馈。整个电路的反馈是电压串联负反馈。

4.3　负反馈对放大性能的影响

放大器引入负反馈后，会使放大倍数有所下降，但其他性能却可以得到改善，例如，能减小放大倍数、提高放大器增益的稳定性、展宽通频带、减小非线性失真、改变输入电阻和输出电阻等。下面分别加以讨论。

4.3.1　减小放大倍数

根据前述，负反馈放大电路放大倍数为

$$A_f=\frac{A}{1+AF}$$

负反馈时，$1+AF$ 总是大于 1，所以引进负反馈后，放大倍数减小为原来的 $1/(1+AF)$。

4.3.2　提高放大倍数的稳定性

通常要在放大器中加入负反馈以提高放大倍数的稳定性。

将闭环放大倍数公式对 A 求导：

$$\frac{dA_f}{dA}=\frac{1}{1+AF}-\frac{AF}{(1+AF)^2}=\frac{1+AF-AF}{(1+AF)^2}=\frac{1}{(1+AF)^2}$$

从而可得

$$\frac{dA_f}{A_f}=\frac{1}{1+AF}\frac{dA}{A}$$

引入负反馈以后，由于某种原因造成放大器放大倍数变化时，负反馈放大器的放大倍数变化量只有基本放大器放大倍数变化量的 $1/(1+AF)$，放大器放大倍数的稳定性大大提高。

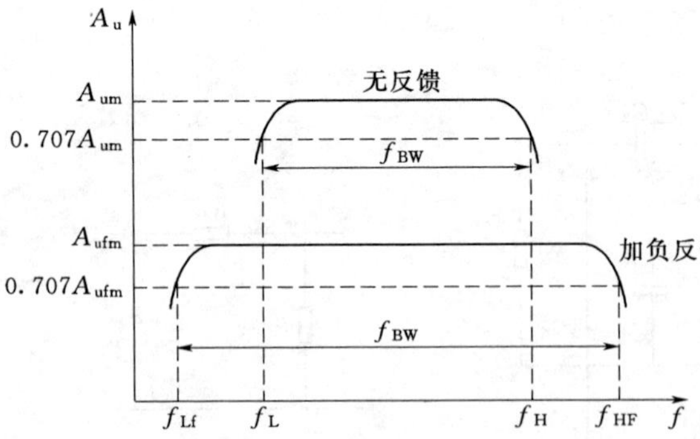

图 4.21　负反馈展宽频带

4.3.3　展宽通频带

由于电路电抗元件的存在，以及三极管本身结电容的存在，造成了放大器放大倍数随频率而变化。即中频段放大倍数扩大，而高频段和低频段放大倍数随频率的升高或降低而减小。这样，放大器的通频带就比较窄，如图 4.21 中 f_{BW} 所示。引入负反馈后，就可以利用负反馈的自动调整作用将通频带展宽。

4.3.4　减小非线性失真

非线性失真是由放大器件的非线性所引起的。一个无反馈的放大器虽然设置了合适的静态工作点，但当输入信号较大时，也可使输出信号产生非线性失真，如图 4.22 所示。

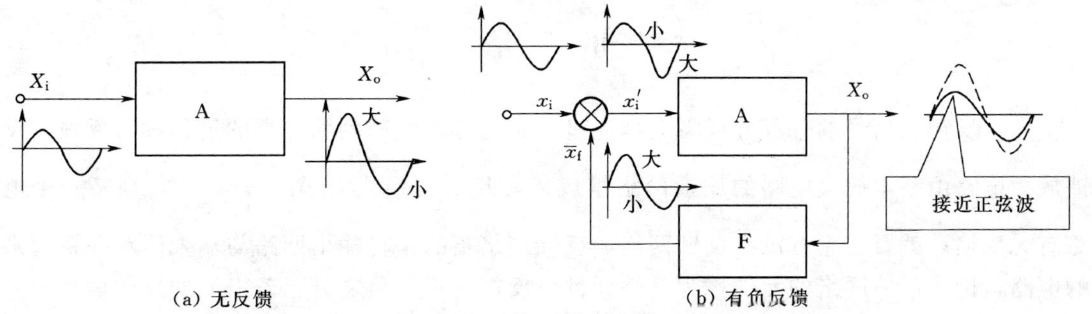

图 4.22 负反馈减小非线性失真

负反馈可以减小的是放大器非线性所产生的失真，而对于输入信号本身固有的失真并不能减小。此外，负反馈只是“减小”非线性失真，并非完全“消除”非线性失真。

4.3.5 对输入、输出电阻的影响

(1) 对输入电阻的影响。影响输入电阻的是串联反馈或并联反馈。如图 4.23 所示，串联反馈使输入电阻增大，并联反馈使输入电阻降低。

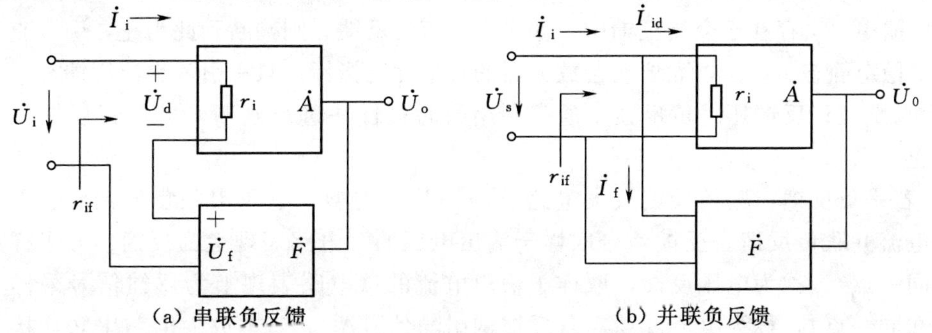

图 4.23 对输入电阻的影响

(2) 对输出电阻的影响。影响输出电阻的是电压反馈或电流反馈。如图 4.24 所示，电压反馈使输入电阻增大，电流反馈使输入电阻降低。

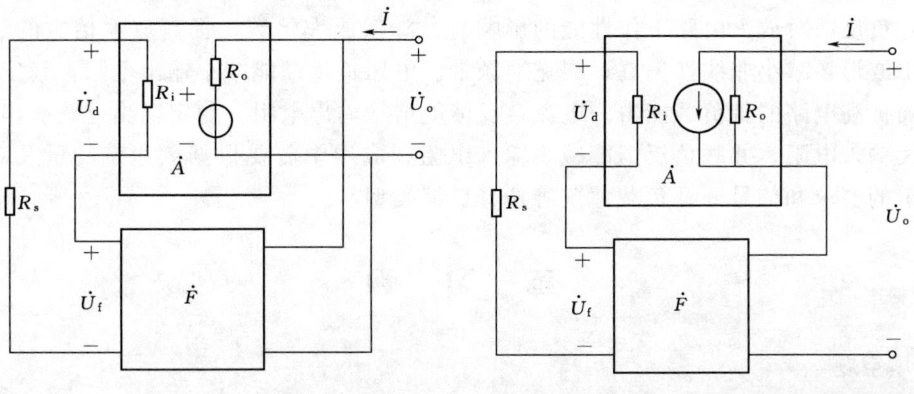

图 4.24 对输出电阻的影响

小　　结

（1）反输出信号的一部分或者全部通过一定的方式引回到输入端的过程称为反馈，反馈放大电路由基本放大电路的反馈网络组成，其基本关系式为 $A_f=\frac{A}{1+AF}$，判断一个电路有无反馈，就要看它有没有反馈网络。反馈网络指的是将输出回路与输入回路联系起来的电路，构成反馈网络的元件称为反馈元件。反馈有正、负之分，若引回的反馈信号与输入信号比较后使净输入信号减少，从而使输出信号减少，则是负反馈；若引回的反馈信号与输入信号比较后使净输入信号增强，从而使输出信号增强，则是正反馈。

（2）反馈的判断方法。我们通常用瞬时极性法是用来判断电路中正、负反馈的基本方法，具体步骤如下：

1）判断放大电路是否存在反馈。首先看电路是否有与输入回路和输出回路相关联的元件或网络。若有，则存在反馈。

2）判断是直流反馈还是交流反馈，直流反馈多在反馈电阻上有一个旁路电容，而交流反馈中多在反馈电阻上串联一个隔直电容。但应该注意，大多数反馈元件或反馈网络既存在于直流反馈中，又存在于交流反馈中，如果仅有直流反馈，则判断到此为止，引入直流反馈的目的是稳定静态工作点，而要改善放大器的其他性能指标，只有引入交流反馈。

3）判别是正反馈还是负反馈。通常利用瞬时极性法进行判断，若是正反馈，则判断到此为止。

4）若是负反馈，则负反馈放大电路有四种基本类型：电压串联负反馈、电压并联负反馈和电流并联负反馈。反馈信号取样于输出电压的（电路表现上为反馈信号采样点跟输出端在同一点），称为电压反馈，取样于输出电流的（电路表现上为反馈信号采样点与输出端不在同一点），称为电流反馈。若反馈网络与信号源 、基本放大电路串联连接（输入信号与反馈信号加在不同的节点），称为串联反馈，其反馈信号为 u_f，比较式 $u_{id}=u_i-u_f$，此时信号源内阻越小，反馈效果越好；若反馈网络与信号源、基本放大电路并联连接（输入信号与反馈信号加在同一个节点），则称为并联反馈，其反馈信号为 u_f，比较式为 $i_{id}=i_i-i_f$，此时信号源内阻越大，反馈的效果越好。

（3）负反馈对放大电路工作性能的影响有：降低放大倍数；提高放大倍数的稳定性，改善输出波形，减小非线性失真；展宽通频带。电压负反馈能减小输出电阻，稳定输出电压，从而提高电路的带负载能力；电流负反馈能增加输出电阻，稳定输出电流。串联负反馈能增大输入电阻，并联负反馈能减小输入电阻。应用中需要根据欲稳定的量及对输入、输出电阻的要求和信号源及负载情况等选择反馈类型。

练　习　题

1. 填空题

（1）反馈电路可有四种组态：________、________、________、________。若把输出

端短路后，反馈因而消失的，就是________反馈；反馈并不消失的，则是________反馈；若把输入端短路后，反馈因而消失的，就是________反馈，否则，则是________反馈。

（2）电流串联负反馈是一种输出端取样为________的负反馈，它时输入电阻________，输出电阻________。

（3）电压并联负反馈是一种输出端取样为________的负反馈，它时输入电阻________，输出电阻________。

（4）负反馈放大电路的作用有：________放大倍数、________放大倍数的稳定性、________通频带、________非线性失真等。

2. 选择题

（1）对于放大电路，所谓开环是指________。

A. 无信号源　　B. 无反馈通路

C. 无电源　　D. 无负载

（2）对于放大电路，所谓闭环是指________。

A. 考虑信号源内阻　　B. 存在反馈通路

C. 接入电源　　D. 有负载

（3）在输入量不变的情况下，若引入反馈后________，则说明引入的反馈是负反馈。

A. 输入电阻增大　　B. 输出量增大

C. 净输入量增大　　D. 净输入量减小

（4）直流负反馈是指________。

A. 直接耦合放大电路中所引入的负反馈

B. 只有放大直流信号时才有的负反馈

C. 在直流通路中的负反馈

D. 直流电源的反馈

（5）交流负反馈是指________。

A. 阻容耦合放大电路中所引入的负反馈

B. 只有放大交流信号时才有的负反馈

C. 在交流通路中的负反馈

D. 交流电源的反馈

（6）在输入量不变的情况下，若引入反馈后________，则说明引入的反馈是负反馈。

A. 输入电阻增大　　B. 输出量增大

C. 净输入量增大　　D. 净输入量减小

（7）为了稳定放大电路的输出电压，应引入________负反馈。

A. 电压　　B. 电流

C. 串联　　D. 并联

（8）为了稳定放大电路的输出电流，应引入________负反馈。

A. 电压　　B. 电流

C. 串联　　D. 并联

（9）为了增大放大电路的输入电阻，应引入________负反馈。

A. 电压　　　　B. 电流

C. 串联　　　　D. 并联

（10）为了减小放大电路的输入电阻，应引入________负反馈。

A. 电压　　　　B. 电流

C. 串联　　　　D. 并联

（11）为了增大放大电路的输出电阻，应引入________负反馈。

A. 电压　　　　B. 电流

C. 串联　　　　D. 并联

（12）为了减小放大电路的输出电阻，应引入________负反馈。

A. 电压　　　　B. 电流

C. 串联　　　　D. 并联

3. 计算分析题

（1）判断题图 4.25 所示各电路中是否引入了反馈。若引入了反馈，则判断是正反馈还是负反馈；若引入了交流负反馈，则判断是哪种组态的负反馈。设图中所有电容对交流信号均可视为短路。

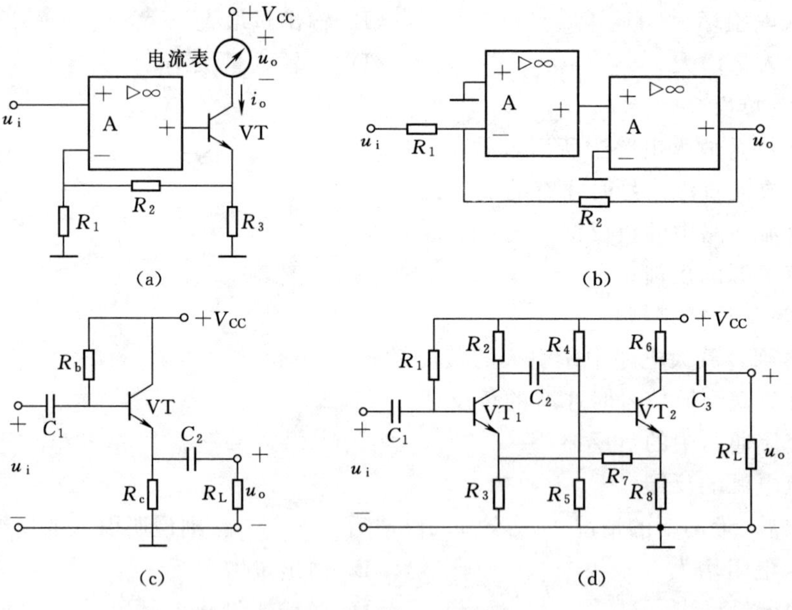

图 4.25　题 3（1）图

（2）判断题图 4.26 所示各电路中是否引入了反馈，是直流反馈还是交流反馈，是正反馈还是负反馈。设图中所有电容对交流信号均可视为短路。

（3）已知一个负反馈放大电路的 $A=10^5$，$F=2\times10^{-3}$。求：

1）A_f的大小。

2）若 A 的相对变化率为 20%，则 A_f 的相对变化率为多少？

（4）已知一个电压串联负反馈放大电路的电压放大倍数 $A_{uf}=20$，其基本放大电路的

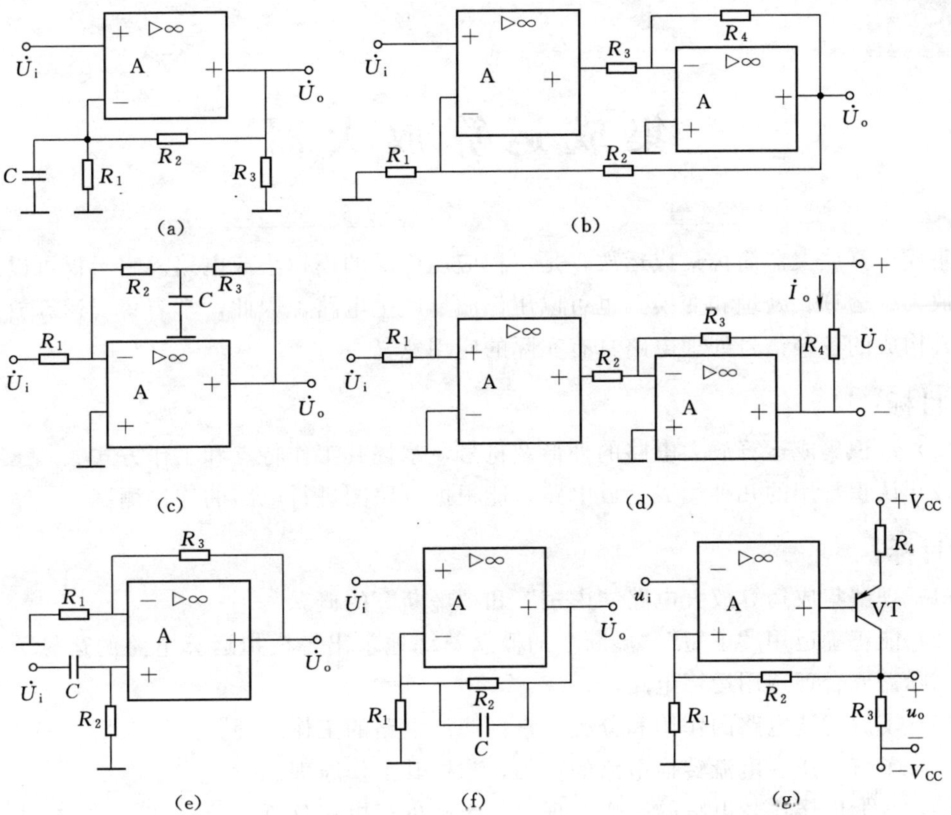

图 4.26　题 3（2）图

电压放大倍数 A_u 的相对变化率为 10%，A_{uf}的相对变化率小于 0.1%，试问 F 和 A_u 各为多少？

第 5 章

集成运算放大器

集成运算放大器简称集成运放，是一种应用广泛的模拟集成电路。它不仅可以用作信号的放大、运算、处理和变换，也可以用作波形产生电路，因此，学习集成运算放大电路及由其构成的各种信号处理电路具有实际的应用意义。

能力目标：

（1）认识集成运算放大电路的外形及符号，掌握其工作特点和工作方式。

（2）认识常用的几种集成运放电路，能根据电路图进行电路的连接测试。

知识目标：

（1）理解集成运算放大电路“虚短”和“虚断”的概念。

（2）能正确运用“虚短”“虚断”的概念熟练地求出各模拟运算电路的运算关系，能根据实际需要合理选用运算电路。

（3）了解滤波电路的作用和分类，掌握滤波电路的工作原理。

（4）了解电压、电流转换电路的作用，掌握其工作原理。

（5）掌握电压比较电路的工作原理，能正确进行电路分析。

5.1 温度测量电路的制作

5.1.1 实训目的

通过制作温度测量电路，认识集成运算放大器，了解集成运放电路的原理、应用；掌握电路的安装调试方法，提高动手能力。

5.1.2 实训器材

本实训所用到的元件及工具见表 5.1

表 5.1　元件工具表

名　称	代　号	型　号	数　量
二极管	VD	1S953	1
集成块	IC	μA741	1
电阻	R_1、R_2	15k	2
电阻	R_3	10k	1
电阻	R_4	300k	1
电阻	R_5	510	1

续表

名　称	代　号	型　号	数　量
微调电位器	R_{P1}	100	1
微调电位器	R_{P2}	500k	1
直流电压源		±15V	1
插针			3
电压表			1
电烙铁		25W	1
万能板			1
焊锡、松香			若干
连接导线			若干

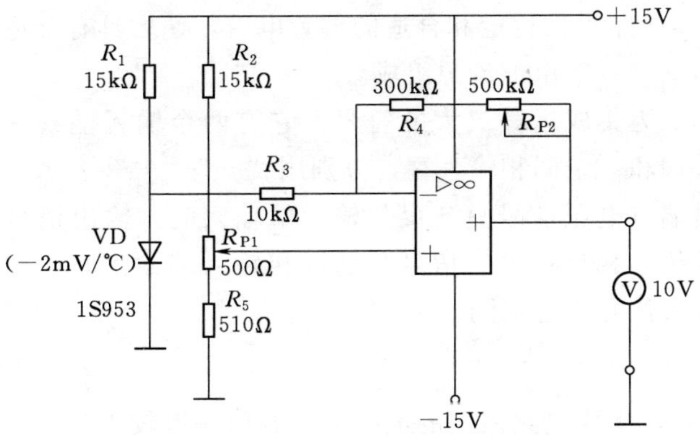

图 5.1　温度测量电路

5.1.3　实训电路

图 5.1 所示的电路为利用二极管温度特性组成的温度测量电路。二极管的温度升高，正向压降会减小，一般来说，温度每升高 1℃，二极管的正向压降将减小 2mV 左右。用量程为 10V 的电压表可测量温度为 0～100℃。

5.1.4　实训步骤

（1）调整仪器仪表，检测各元器件的质量。

（2）按图 5.1 的电路图正确焊接元器件及线路。

（3）检查元器件及线路焊接正确无误后，接通±15V 电源，将二极管置入 0℃的冰水中，调节 R_{P1}，使电压表指示为 0；再将二极管放入 100℃的沸水中，调节 R_{P2}，使电压表指示为 10V，调节 R_{P2} 后，零点会有变化，因此要反复调整几次。

（4）通过测量输出电压的方法计算出环境温度。

注意事项：①二极管管脚不剪，并用长导线焊接在电路板上，以免放入沸水中时损坏导线及其他元件；②操作过程中小心烫伤。

5.1.5　实训报告

（1）描述温度测量电路的工作原理及用途。

（2）描述制作温度测量电路的过程，并根据测量的电压计算出环境温度。

5.2　集成运算放大器的结构与特点

5.2.1　集成运算放大电路的电路结构和符号

集成运算放大器是用集成电路工艺制成的具有很高电压增益的直接耦合的多级放大

器，通常可分为输入级、中间级、输出级和偏置电路四个部分组成，如图 5.2 所示。

(1) 输入级。输入级是提高运算放大器质量的关键部分，要求其输入电阻高，通常采用能减小零点漂移和抑制共模干扰信号的具有恒流源的差动放大电路。

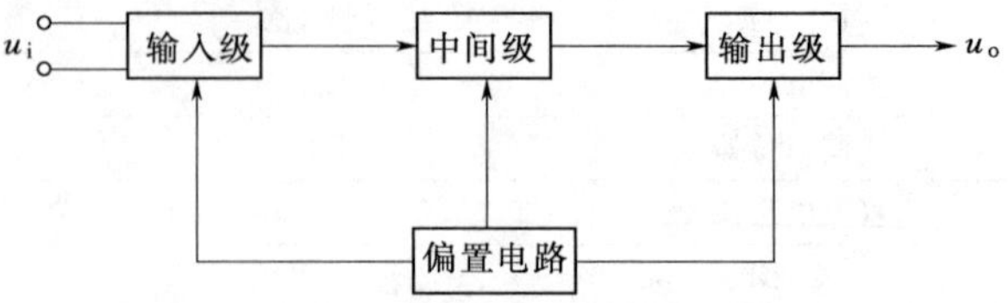

图 5.2　集成运算放大器组成框图

(2) 中间级。中间级的主要任务是提供足够大的电压放大倍数，因此要求中间级有较高的电压增益，一般放大倍数可达几万倍甚至几十万倍。

(3) 输出级。输出级应提供足够的电流以满足电路带负载的能力，同时要求输出电阻低。因此，大多采用复合管构成的共集电极电路作为输出级。

(4) 偏置电路。偏置电路是为上述电路提供稳定和合适的偏置电流，使之具有合适的静态工作点，一般由恒流源组成。

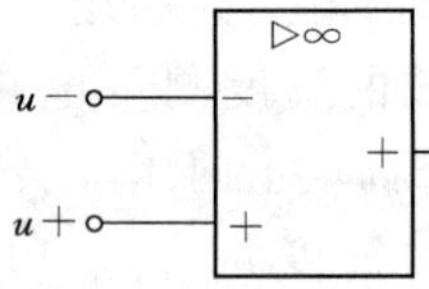

图 5.3　集成运算放大器符号

图 5.3 为集成运算放大的符号。它有两个输入端：一个反相输入端和一个同相输入端，分别用“－”“＋”表示；有一个输出端。电压信号只从反相输入端输入时，输出信号与输入信号相位相反；电压信号只从同相输入端输入时，输出信号与输入信号相位相同。

5.2.2　集成运算放大器的特点

(1) 各级之间采用直接耦合的方式，集成电路内部的电阻和电容值一般较小。

(2) 增益非常大，开环增益可达 $10^4 \sim 10^7$ 倍。

(3) 输入电阻大，输出电阻小。

(4) 体积小、重量轻、功耗小、成本低、可靠性好等。

5.2.3　理想集成运算放大电路的条件

分析集成运算放大器时，一般可将它看成是一个理想的运算放大器，可使电路分析过程简化。真正的理想集成运算放大器是不存在的，但把运算放大器理想化后，应用于工程计算产生的误差很小，因此，后续内容对运算放大器电路的分析都可以根据以下理想化条件进行分析。

集成运算放大器理想化的条件主要有：①开环电压放大倍数 $A_{od}=\infty$；②开环差模输入电阻 $r_{id}=\infty$；③开环输出电阻 $r_o=0$；④共模抑制比 $K_{CMRR}=\infty$。

5.2.4　集成运算放大电路的工作方式

集成运算放大器，有线性区和非线性区两种工作方式。输入范围不同，集成运放工作区也不同，分析方法也不一样。表示输出电压与输入电压之间关系的特性曲线称为传输特性，集成运放的传输特性如图 5.4 所示。

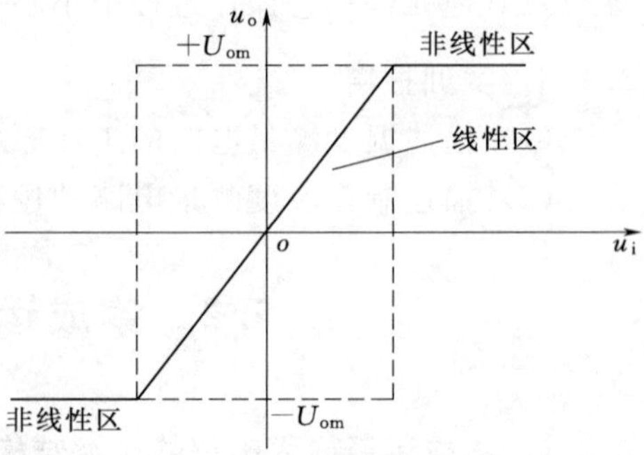

图 5.4　集成运放的传输特性

5.2.4.1 线性区

线性区的集成运放，输出信号和输入信号成正比，即

$$u_o = A_{od}(u_+ - u_-) \tag{5.1}$$

但是，运算放大器的开环增益很大，例如，设运放的开环放大倍数为 10^5 以上，如果两个输入端加上 1mV 的电压，按工作在线性区来计算，输出电压应为 100V，但这是不可能的。因为运放的电源电压通常是正负十几伏，这时运放内部的一些晶体管已经工作在饱和区或截止区，不可能有 100V 的电压输出，输出电压只能接近电源电压。因此，要让运放工作在线性区，必须引入深度负反馈，所以负反馈是运放线性应用的必要条件。

加入深度负反馈后，集成运放具有以下两条重要特点：

（1）“虚短”特点：$u_+ \approx u_-$。由式（5.1）可得

$$u_+ - u_- = \frac{u_o}{A_{od}} \approx 0 \tag{5.2}$$

理想运放开环放大倍数 $A_{od} = \infty$，即 $u_+ \approx u_-$。同相端和反相端电压几乎相等，可相当于短路，但事实上，这两点没有真正地短接在一起，是虚假短路，简称“虚短”。

（2）“虚断”特点：$i_i = i_+ = i_- = 0$。根据理想运放的开环差模输入电阻 $r_{id} = \infty$，输入偏置电流 $I_B = 0$，则两个输入端的电流相等并为零。相当于断路，但事实上，这两点并没有真正断开，是虚假断路，简称“虚断”。

“虚短”和“虚断”的概念，是分析运放线性应用的重要依据。

5.2.4.2 非线性区

当集成运放工作在非线性区时，输出信号和输入电压信号不再成正比，输出电压 u_o 只有两种输出状态，即正饱和电压 $+U_{om}$ 或负饱和电压 $-U_{om}$。当集成运放工作于开环状态或加有正反馈时，增益很大，只要输入电压 u_+ 和 u_- 略有的差异，输出电压也会立刻就饱和，出现以下情况

$$u_+ > u_-,\quad u_o = +U_{om} \tag{5.3}$$

$$u_+ < u_-,\quad u_o = -U_{om} \tag{5.4}$$

运算放大器输出的正、负饱和电压主要受本身正、负电源电压限制。

理想运放的开环差模输入电阻 $r_{id} = \infty$，因此，虽然 $u_+ \neq u_-$，但输入电流仍然为零。集成运放处于非线性工作区时，“虚断”仍然成立，而“虚短”不成立。

5.2.5 集成运算放大器的分类

按照集成运算放大器的参数来分，集成运算放大器可分为以下几类。

（1）通用型运算放大器。通用型运算放大器就是以通用为目的设计的，价格低廉、产量大、其性能参数比较均衡，可满足一般应用要求，因此应用范围比较广泛。常见的通用型运算放大器有 μA741（单运放）、LM358（双运放）、LM324（四运放）及以场效应管为输入级的 LF356。

（2）高阻型运算放大器。高阻型运算放大器具有差模输入阻抗高，输入偏置电流小、高速、宽带和低噪声等优点；缺点是输入失调电压较大。常见的高阻型运算放大器有 LF356、LF355、LF347（四运放）及更高输入阻抗的 CA3130、CA3140 等。

(3) 低温漂型运算放大器。低温漂型运算放大器具有失调电压小且不随温度的变化而变化的特点，在精密仪器、弱信号检测等自动控制仪表中广为应用。常见的低温漂运算放大器有OP-07、OP-27、AD508及由MOSFET组成的斩波稳零型低漂移器件ICL7650等。

(4) 高速型运算放大器。高速型运算放大器具有高的转换速率和宽的频率响应的特点。通用型集成运放是不能适合于高速应用的场合。因此，在快速A/D和D/A转换器、视频放大器等电路中，需要使用到高速型运算放大器。常见的高速型运算放大器有LM318、μA715等。

(5) 低功耗型运算放大器。低功耗型运算放大器具有低电源电压供电、低功率消耗的特点，适用于便携式仪器的低电源电压。常用的低功耗型运算放大器有TL-022C、TL-060C等，其工作电压为±(2～18) V，消耗电流为50～250mA。目前有的产品功耗已达微瓦级，例如ICL7600的供电电源为1.5V，功耗为10mW，可采用单节电池供电。

(6) 高压大功率型运算放大器。高压大电流集成运算放大器的特点是外部不需附加任何电路，即可输出高电压和大电流，使运算放大器的输出电压不受供电电源的限制。常见的高压大功率型运算放大器有D41集成运放，它的电源电压可达±150V；μA791集成运放的输出电流可达1A。

5.2.6 集成运算放大器的主要性能指标

评价集成运放好坏的参数很多，它们是描述一个实际运放与理想放大器件接近程度的数据，这里仅介绍其中主要的几种。

(1) 输入失调电压U_{IO}。在室温及标准电源电压下，为了使静态$U_O=0$，而在输入端应施加的直流补偿电压值称为U_{IO}，它反映电路中的差动输入级原件的失配承度。通用型运放的U_{IO}为mV级，有些运放可小至μV级。

(2) 输入偏置电流I_{IB}。I_{IB}是在室温及标准电源电压下，以理想恒流源驱动两输入端，使$U_O=0$时的两个输入端电流的平均值，即$I_{IB}=(I_{B1}+I_{B2})/2$。其值越小越好，通常通用型运放约为几十微安。

(3) 输入失调电流I_{IO}。I_{IO}是指在$U_O=0$时，两输入端静态电流之差，即$I_{IO}=I_{B1}-I_{B2}$，其值越小越好，通常通用型运放的I_{IO}为nA级。

(4) 开环差模电压放大倍数A_{od}。A_{od}是指在标准电源及规定负载下的开环没有外接反馈电路时的差模电压放大倍数。一般约为$10^4\sim10^7$。

(5) 最大差模输入电压U_{Idm}。U_{Idm}是指两个输入端之间所能承受的最大电压差值。超过该值，输入级晶体管可能被击穿，通常在几伏至几十伏之间。

(6) 开环差模输入电阻R_{Id}。R_{Id}是在室温下，开环运放两输入端之间的差模输入信号的动态电阻。双极型管输入级R_{Id}在几百千欧至几兆欧；场效应管则更高。

(7) 最大共模输入电压U_{Icm}。U_{Icm}是共模输入电压范围。一旦超过U_{Icm}，输入级管子会进入非线性区，就会产生比较严重的失真，也会使输入端晶体管击穿。通用型运放的U_{Idm}基本上与电源电压相等。

(8) 共模输入电阻R_{Ic}。R_{Ic}是指室温下，每个输入端到地的共模动态电阻。

(9) 共模抑制比 K_{CMRR}。K_{CMRR}是运放开环差模电压放大倍数与其共模电压放大倍数之比，通常为80dB以上。

(10) 转换速率 S_R。在额定大信号输出电压时，运放输出电压的最大变化速率。它反映运放对高速变化的输入信号的响应能力。

5.3 模拟信号运算电路

集成运算放大器在加入深度负反馈作线性运用时，可以实现反相比例、同相比例、加法、减法、积分、微分等运算卜面介绍一些典型运算电路。

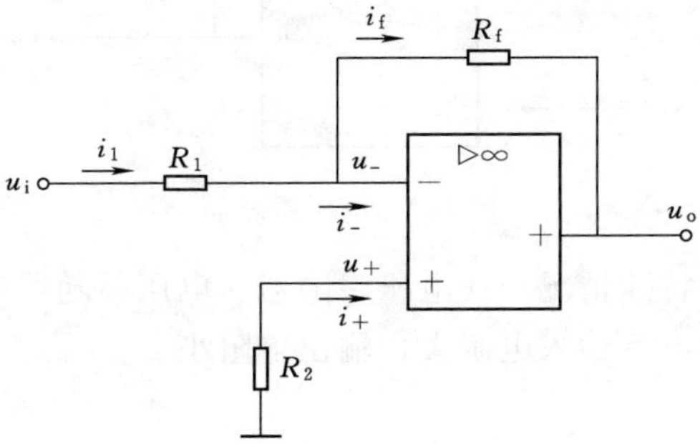

图 5.5 反相比例运算电路

5.3.1 反相比例运算电路

反相比例运算电路如图5.5所示。信号从运放的反相输入端输入，同相输入端经电阻 R_2 接地，R_f 引入深度负反馈，由于运算放大器输入级是差动放大器，要求两个输入端电阻平衡，即 $R_2=R_1//R_f$。

根据图5.5，可以列出：

$$i_1=\frac{u_i-u_-}{R_1},\quad i_f=\frac{u_--u_o}{R_f}$$

由于"虚断"特点 $i_-=0$，得 $i_1=i_f$，即$\frac{u_i-u_-}{R_1}=\frac{u_--u_o}{R_f}$。

由于"虚短"特点 $u_+=u_-$，而 $u_+=0$，得 $u_+=u_-=0$，即$\frac{u_i}{R_1}=-\frac{u_o}{R_f}$。

所以

$$u_o=-\frac{R_f}{R_1}u_i \tag{5.5}$$

由式(5.5)可以看出，反相比例运算电路的输出电压和输入电压的幅值成正比，负号表示相位相反，所以称为反相比例运算电路。由于反相比例运算电路引入的是深度电压并联负反馈，所以输出电阻小，带负载能力强。比例系数由电阻 R_f 和 R_1 决定，而与集成运放内部各项参数无关。电路中，同相输入端电压为0，由于"虚短"的特点，反相输入端电压也为零，相当于接地，但事实上并非真的接地，称为"虚地"。当 $R_f=R_1$ 时，比例系数为−1，这时输出电压与输入电压大小相同相位相反，电路称为反相器或反号器。

5.3.2 同相比例运算电路

同相比例运算电路如图5.6所示，信号从运放的同相输入端输入，反相输入端经电阻 R_1 接地，R_f 引入的仍然是深度负反馈，由于运算放大器输入级是差动放大器，要求两个输入端电阻平衡，即 $R_2=R_1//R_f$。

根据图5.6，可以列出：

$$i_1=\frac{0-u_-}{R_1},\quad i_f=\frac{u_--u_o}{R_f}$$

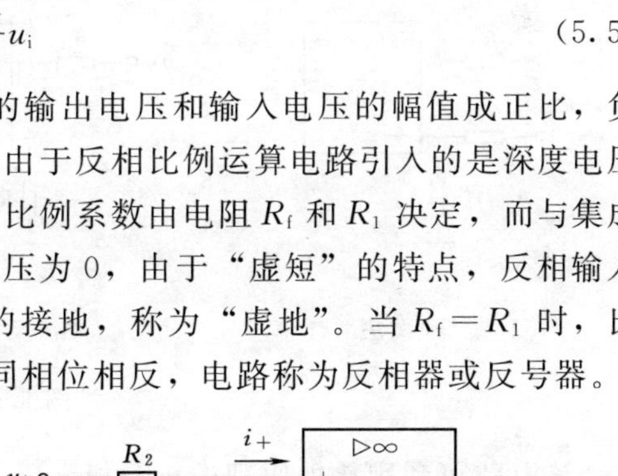

图 5.6 同相比例运算电路

由于“虚断”特点 $i_-=0$，得 $i_1=i_f$，即 $\frac{-u_-}{R_1}=\frac{u_--u_o}{R_f}$。

由于“虚短”特点 $u_+=u_-$，而 $u_+=u_i$，得 $u_+=u_-=u_i$，即 $\frac{-u_i}{R_1}=\frac{u_i-u_o}{R_f}$。

所以

$$u_o=\left(1+\frac{R_f}{R_1}\right)u_i \tag{5.6}$$

由式（5.6）可以看出，其输出电压和输入电压的幅值成正比且相位相同，所以称为同相比例运算电路。由于同相比例运算电路引入的是深度电压串联负反馈，所以输入电阻很高、输出电阻很低，其带负载的能力很强。当 $R_f=0$ 或 $R_1\to\infty$ 时，如图 5.7 所示，$u_o=\left(1+\frac{R_f}{R_1}\right)u_i=u_i$，即输出电压与输入电压大小相等且相位相同，这是同相比例运算电路的特殊情况——电压跟随器。电压跟随器电路广泛作为阻抗变换器或作为输入级隔离缓冲器，且输入电阻大，输出电阻小。

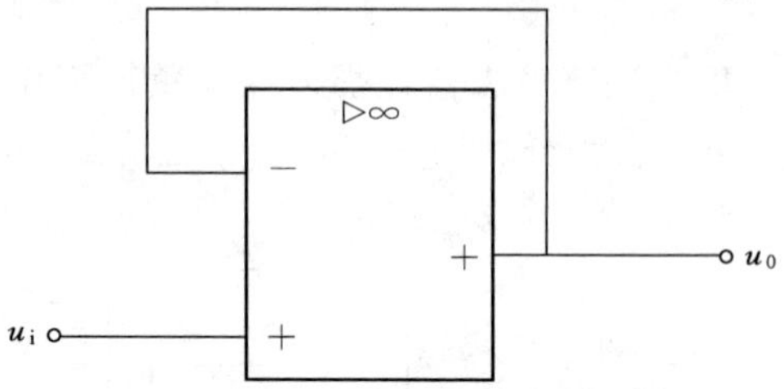

图 5.7　电压跟随器

5.3.3　减法电路

减法电路又称为双端输入电路，如图 5.8 所示。图中，输入信号 u_{i1} 和 u_{i2} 通过相应的电阻分别接到同相输入端和反相输入端，R_f 引入深度负反馈，两个输入端电阻平衡，要求 $R_1//R_f=R_2//R_3$。

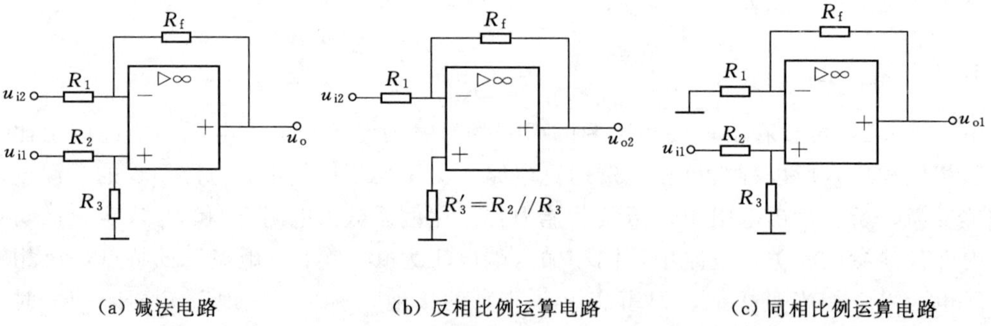

图 5.8　减法电路

该电路可利用叠加原理进行分析：

（1）令 $u_{i1}=0$，电路成为变成反相比例运算电路，等效电路如图 5.8（b）所示，其输出电压为 $u_{o2}=-\frac{R_f}{R_1}u_{i2}$。

（2）令 $u_{i2}=0$，电路变成同相比例运算电路，等效电路如图 5.8（c）所示，运放同相输入端到地的电压为 $u_+=\frac{R_3}{R_2+R_3}u_{i1}$；因此，其输出电压为 $u_{o1}=\left(1+\frac{R_f}{R_1}\right)\left(\frac{R_3}{R_2+R_3}\right)u_{i1}$。

（3）当运放双端 u_{i1} 和 u_{i2} 同时输入时，输出信号电压为上述两个输出电压的叠加：

$$u_o=u_{o1}+u_{o2}=\left(1+\frac{R_f}{R_1}\right)\left(\frac{R_3}{R_2+R_3}\right)u_{i1}-\frac{R_f}{R_1}u_{i2} \tag{5.7}$$

（4）当 $R_1=R_2$，$R_3=R_f$ 时，式（5.7）可以简化为 $u_o=\frac{R_f}{R_1}(u_{i1}-u_{i2})$。输出电压与两个输入端电压之差成正比。

（5）当 $R_1=R_2=R_3=R_f$ 时，式（5.7）可以简化为 $u_o=u_{i1}-u_{i2}$。输出电压等于两输入端信号直接相减。

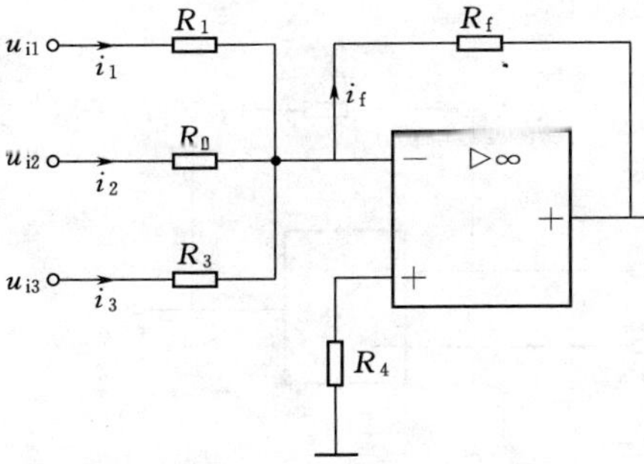

图 5.9 反相求和电路

5.3.4 反相求和电路

反相求和电路即反相加法运算电路，可实现输入信号的加法运算，电路如图 5.9 所示，它是在反相比例运算电路的基础上，增加几条输入支路。输入信号 u_{i1}、u_{i2}、u_{i3} 分别通过电阻 R_1、R_2、R_3 接到运放的反相输入端，R_f 引入深度负反馈，两个输入端电阻平衡，要求 $R_4=R_1//R_2//R_3//R_f$。

根据图 5.9，列出如下公式：

$$i_1=\frac{u_{i1}-u_-}{R_1},\quad i_2=\frac{u_{i2}-u_-}{R_2},\quad i_3=\frac{u_{i3}-u_-}{R_3},\quad i_f=-\frac{u_o-u_-}{R_f}$$

由于“虚断”$i_-=0$，得 $i_f=i_1+i_2+i_3$。由于“虚短”$u_+=u_-$，而 $u_+=0$，得 $i_1=\frac{u_{i1}}{R_1}$，$i_2=\frac{u_{i2}}{R_2}$，$i_3=\frac{u_{i3}}{R_3}$，$i_f=-\frac{u_o}{R_f}$，即 $\frac{u_{i1}}{R_1}+\frac{u_{i2}}{R_2}+\frac{u_{i3}}{R_3}=\frac{u_o}{R_f}$。整理得到

$$u_o=-\left(\frac{R_f}{R_1}u_{i1}+\frac{R_f}{R_2}u_{i2}+\frac{R_f}{R_3}u_{i3}\right) \tag{5.8}$$

输出电压等于各输入信号按照不同比例进行反相求和运算。

当 $R_1=R_2=R_3=R$ 时，式子（5.8）可简化为

$$u_o=-\frac{R_f}{R}(u_{i1}+u_{i2}+u_{i3}) \tag{5.9}$$

实现了各输入信号按相同的比例进行反相求和运算。

当 $R_f=R$ 时，公式（5.9）可简化为 $u_o=-(u_{i1}+u_{i2}+u_{i3})$，实现了各输入信号的反相求和运算。

【例 5.1】 电路如图 5.10 所示，已知 $R=R_f=10\text{k}\Omega$，$R_1=2\text{k}\Omega$，$R_2=5\text{k}\Omega$；$u_{i1}=0.2\text{V}$，$u_{i2}=-0.3\text{V}$，求输出电压的值。

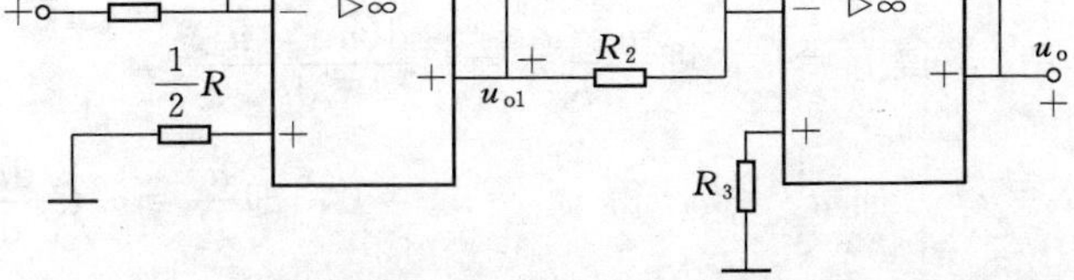

图 5.10 ［例 5.1］图

解： 该电路第一级为反相比例运算电路串联第二级为反相加法而成。

$$u_{o1}=-\frac{R}{R}u_{i2}=-u_{i2}=0.3(\mathrm{V})$$

$$u_o=-\left(\frac{R_f}{R_1}u_{i1}+\frac{R_f}{R_2}u_{o1}\right)=-\left(\frac{10}{2}\times 0.2+\frac{10}{5}\times 0.3\right)=-1.6(\mathrm{V})$$

【例 5.2】 电路如图 5.11 所示，已知 $R_1=R_2=R_{f1}=20\mathrm{k\Omega}$，$R_3=R_4=R_5=R_6=R_{f2}=10\mathrm{k\Omega}$，$u_{i1}=0.1\mathrm{V}$，$u_{i2}=0.2\mathrm{V}$，$u_{i3}=0.3\mathrm{V}$，求输出电压 u_o。

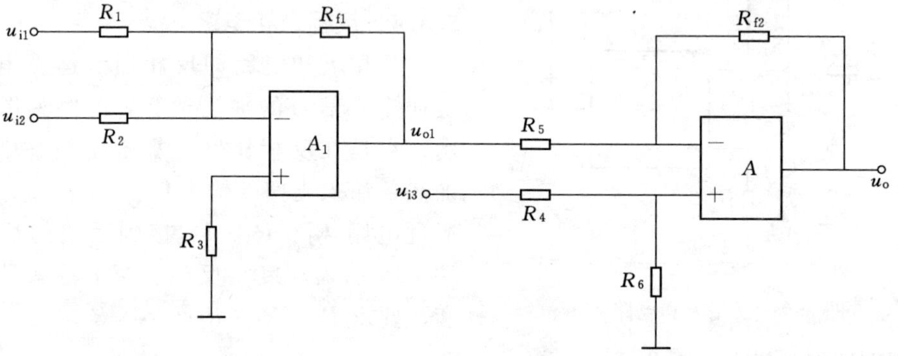

图 5.11　[例 5.2] 图

解： 该电路为第一级的反相求和电路串联第二级的减法运算电路而成。

$$u_{o1}=-\left(\frac{R_{f1}}{R_1}u_{i1}+\frac{R_{f2}}{R_2}u_{i2}\right)=-\left(\frac{20}{20}\times 0.1+\frac{20}{20}\times 0.2\right)=-0.3(\mathrm{V})$$

$$\begin{aligned}u_o&=\left(1+\frac{R_{f2}}{R_5}\right)\left(\frac{R_6}{R_4+R_6}\right)u_{i3}-\frac{R_{f2}}{R_5}u_{o1}\\&=\left(1+\frac{10}{10}\right)\left(\frac{10}{10+10}\right)\times 0.3-\frac{10}{10}u_{o1}\times(-0.3)\\&=0.6(\mathrm{V})\end{aligned}$$

5.3.5　积分电路

积分电路可实现积分运算，是控制和测量系统中的重要组成部分，利用它可以实现信号的延时、定时以及产生三角波等其他波形。

只需将反相比例电路的反馈电阻 R_f 换为电容器 C，即可构成积分电路，电路如图 5.12 (a) 所示。

根据图 5.12 (a)，设电容初始电压为 0，列出如下公式：

$$i_R=\frac{u_i-u_-}{R},\quad i_c=C\frac{\mathrm{d}(u_--u_c)}{\mathrm{d}t}$$

由于“虚断” $i_-=0$，得 $i_R=i_C$，即 $\frac{u_i-u_-}{R}=C\frac{\mathrm{d}(u_--u_c)}{\mathrm{d}t}$。

由于“虚短” $u_+=u_-$，而 $u_+=0$，得 $u_+=u_-=0$，即 $\frac{u_i}{R}=-C\frac{\mathrm{d}u_c}{\mathrm{d}t}$。$u_i=-RC\frac{\mathrm{d}u_o}{\mathrm{d}t}$，所以

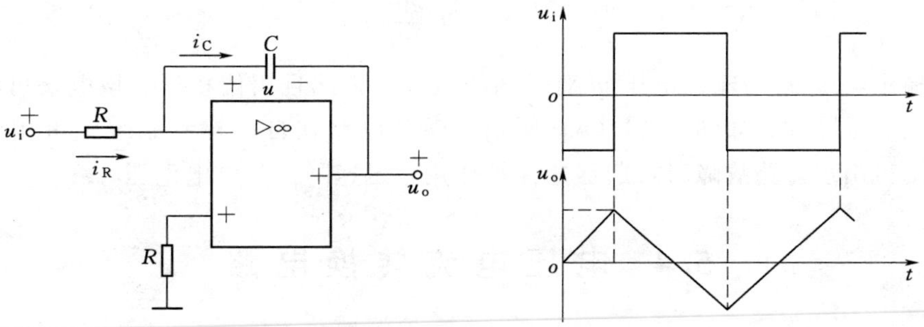

(a) 积分电路　　(b) 积分电路的波形变换

图 5.12　积分电路及波形

$$u_o = -\frac{1}{RC}\int u_i \mathrm{d}t \tag{5.10}$$

由式（5.10）可以看出，输出电压与输入电压对时间的积分成比例，实现了积分运算。当积分起始时刻的输出电压为 $u_0(t_0)$，即电容初始电压不为 0，则 t 时刻的输出电压为

$$u_o = -\frac{1}{RC}\int_{t_0}^{t} u_i \mathrm{d}t + u_0(t_0) \tag{5.11}$$

积分电路可以将矩形波转换为三角波输出，可在自动控制系统中用以延缓过渡过程的冲击。波形变换如图 5.12（b）所示。

5.3.6 微分电路

微分是积分的逆运算，只要将积分电路中的 R 和 C 互换，就可得到微分电路，如图 5.13（a）所示。

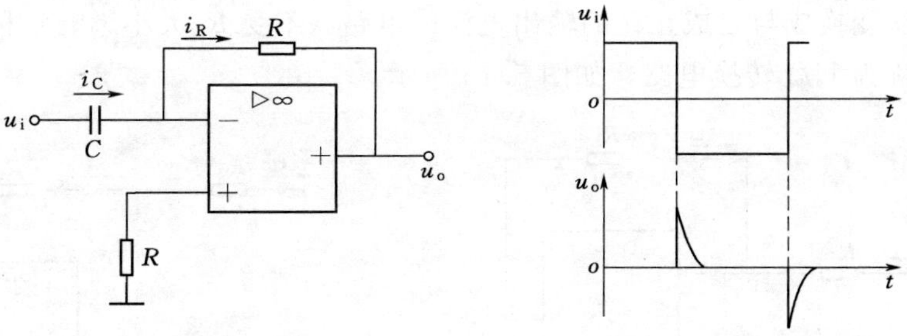

(a) 微分电路　　(b) 微分电路的波形变换

图 5.13　微分电路及波形

根据图 5.13（a），设电容初始电压为 0，列出如下公式：

$$i_c = C\frac{\mathrm{d}(u_i - u_-)}{\mathrm{d}t},\quad i_R = \frac{u_- - u_o}{R}$$

由于“虚断” $i_- = 0$，得 $i_C = i_R$，即 $C\frac{\mathrm{d}(u_i - u_-)}{\mathrm{d}t} = \frac{u_- - u_o}{R}$。

由于“虚短” $u_+ = u_-$，而 $u_+ = 0$，得 $u_+ = u_- = 0$，即 $C\frac{\mathrm{d}u_i}{\mathrm{d}t} = \frac{-u_o}{R}$。所以

$$u_o = -RC\frac{du_i}{dt} \tag{5.12}$$

可见输出电压 u_o 与输入电压 u_i 对时间的微分成正比且相位相反。该电路可将矩形波转换为双向尖顶脉冲，如图 5.13（b）所示。微分电路在自动控制系统中可用作加速环节，当电动机出现短路故障时，起加速保护作用，迅速降低其供电电压。

5.4　电压电流转换电路

5.4.1　电流-电压转换电路

把反相比例放大电路的输入电阻去掉，即成为电流-电压转换电路，又称为 I/U 转换电路，如图 5.14 所示。

根据图 5.14 列出如下公式：

$$i_f = \frac{u_- - u_o}{R_f}$$

由于"虚断" $i_- = 0$，得 $i_1 = i_f$，即 $i_1 = \frac{u_- - u_o}{R_f}$。

由于"虚短" $u_+ = u_-$，而 $u_+ = 0$，得 $u_+ = u_- = 0$，即 $i_1 = -\frac{u_o}{R_f}$。所以

$$u_o = -R_f i_1 \tag{5.13}$$

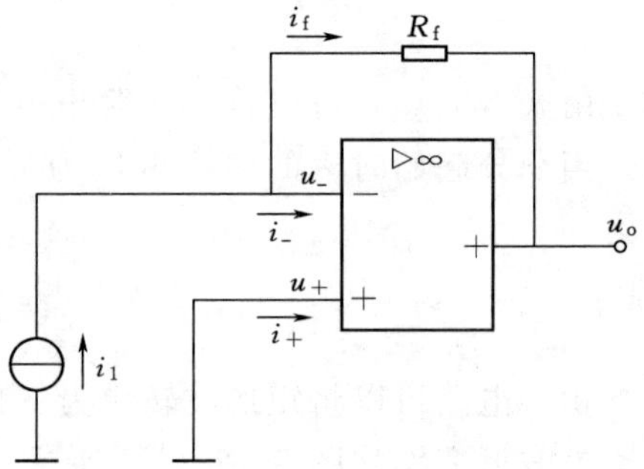

图 5.14　电流-电压转换电路

从式（5.13）可知，电路的输出电压与输入电流成正比，实现了从电流-电压的转换。这种转换器可用作测量电流或用作微电流的放大。

5.4.2　电压-电流转换电路

将输入电压变换成与之成正比的输出电流的电路（不受 R_L 大小影响）称为电压-电流转换电路，又称为 U/I 转换电路，如图 5.15 所示。

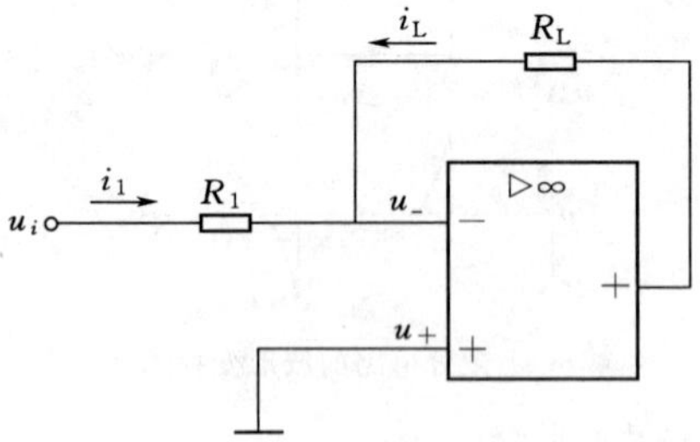

(a) 反相电压-电流转换电路

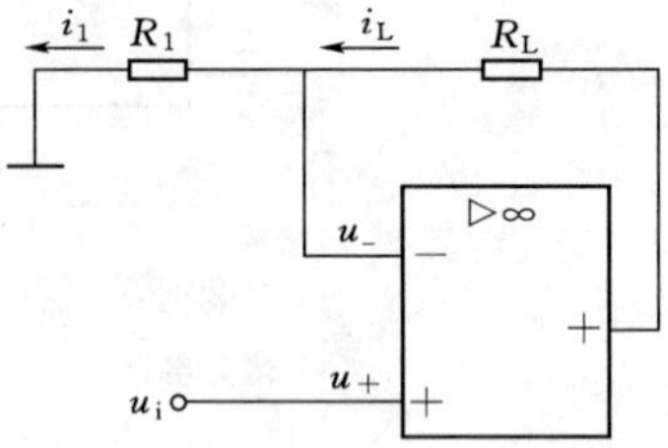

(b) 同相电压-电流转换电路

图 5.15　电压-电流转换电路

图 5.15（a）是一个反相电压-电流转换电路，流过负载的电流为

$$i_L = -i_1 = -\frac{u_i}{R_1} \tag{5.14}$$

图 5.15（b）是一个同相电压-电流转换电路，该电路的负载电流其数值与式（5.14）相同，只是符号不同。由式（5.14）可看出，流过负载的电流与负载电阻无关，与输入电

压成正比，实现电压到电流的转换，式中的负号是因反相输入引起的。如果输入电压是恒定值，负载在一定范围内变化时，输出电流是基本恒定的，所以电压-电流转换电路，在输入电压恒定时，为恒流源电路。

5.5 有源滤波电路

滤波器的功能是让某些频率的信号比较顺利地通过，而其他频率的信号则被抑制。滤波电路可以只用一些无源元件 R、L、C 组成，也可以包含某些有源元件（如运算放大器），前者称为无源滤波，后者称为有源滤波。

5.5.1 有源滤波电路的特点和分类

有源滤波器可以不使用电感元件，减小滤波器的体积和重量，且具有一定的信号放大及带负载能力，能方便的改变其特性参数。根据幅频特性所表示的通过或阻止信号频率范围的不同，滤波电路可以分为 4 种：

（1）低通滤波电路（LPF）：允许低频信号通过，将高频信号衰减。

（2）高通滤波电路（HPF）：允许高频信号通过，将低频信号衰减。

（3）带通滤波电路（BPF）：允许某一频带范围内的信号通过，将此频带以外的信号衰减。

（4）带阻滤波电路（BEF）：阻止某一频带范围内的信号通过，而允许此频带以外的信号通过。

这 4 种滤波电路的幅频特性如图 5.16 所示。

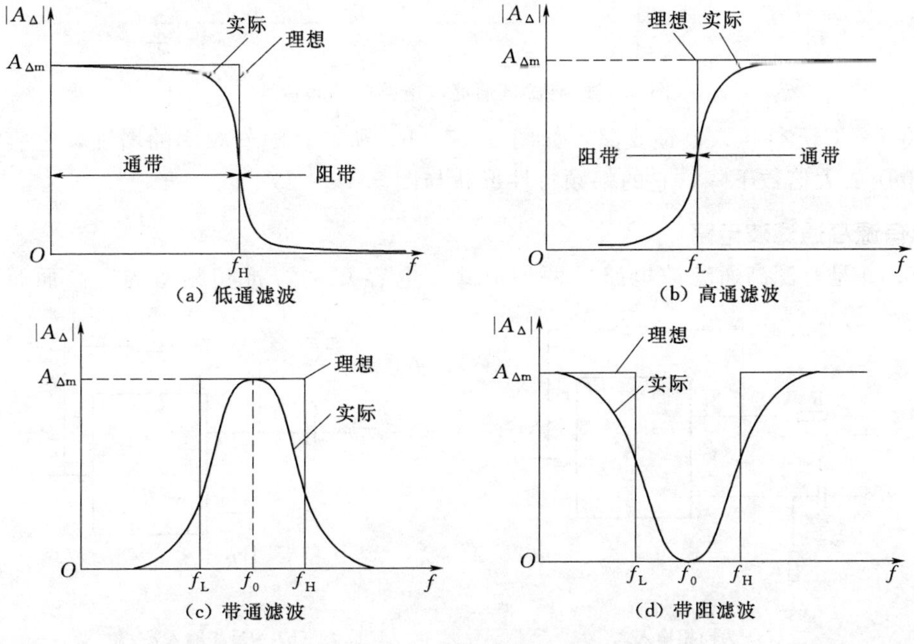

图 5.16 4 种滤波电路的幅频特性

5.5.2　有源低通滤波电路

图 5.17 是有源低通滤波电路的两种形式。若在同相比例电路同相输入端与参考点“地”之间接入一个电容，就成为了最简单的有源低通滤波器，如图 5.17（a）所示，它将经过无源 RC 低通滤波网络处理的信号进行放大，幅频特性如图 5.18 所示。此外，运放将 R_L 与滤波网络隔离，R_L 将变化时不会影响 A_{up} 与通频带的范围。

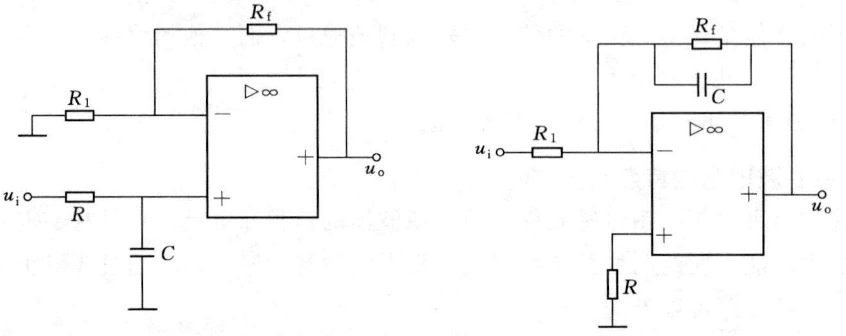

(a) RC 接至同相输入端　　(b) RC 接至反相输入端

图 5.17　有源低通滤波电路

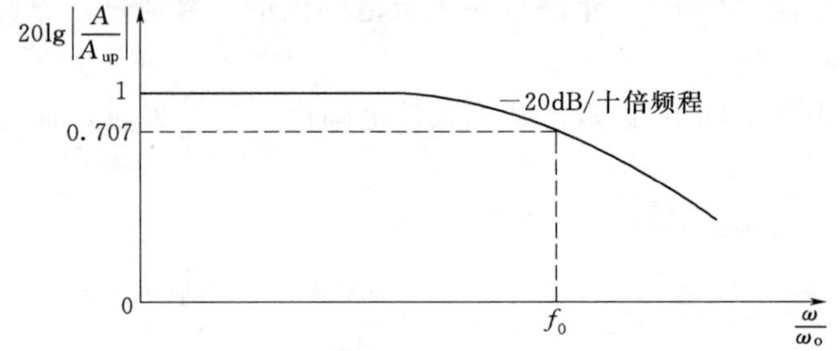

图 5.18　有源低通滤波电路的幅频特性

若将 R、C 元件接入反馈支路，如图 5.17（b）所示，随着频率的增加，电容容抗的下降，电压放大倍数下降，它的幅频特性形状与图 5.18 一致。

5.5.3　有源高通滤波电路

图 5.19 是有源高通滤波电路的两种形式。电容 C 的容抗随频率的升高而减小，因

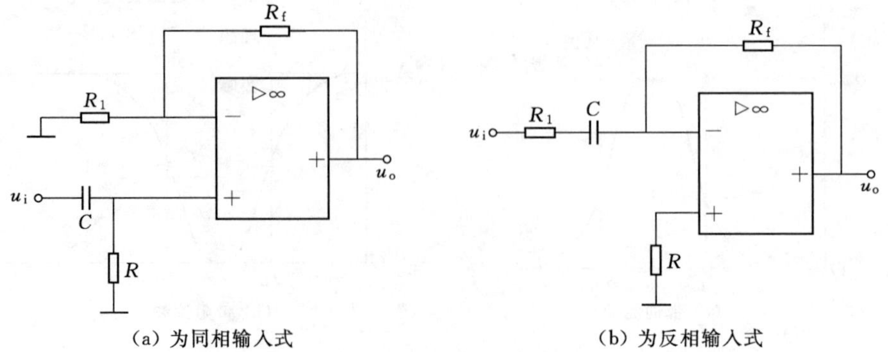

(a) 为同相输入式　　(b) 为反相输入式

图 5.19　有源高通滤波电路

此，这两个电路的电压放大倍数也随频率的升高而增大。当频率很低时，容抗可视为无穷大，做开路处理，电压放大倍数为 0，而当频率升至一定值时，电容容抗可视为 0。其幅频特性如图 5.20 所示。

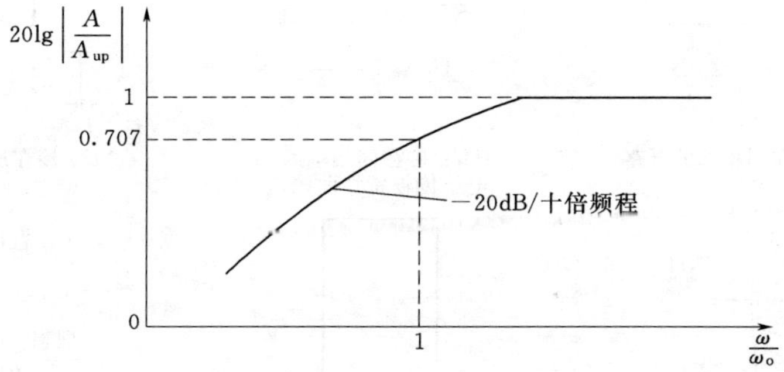

图 5.20 有源高通滤波电路的幅频特性

5.5.4 带通、带阻滤波电路

把低通滤波电路与高通滤波电路“串接”，即成为带通滤波电路。在低频时，幅频特性取决于高通滤波器；在高频时，幅频特性取决于低通滤波器。

把低通滤波电路与高通滤波电路“并接”，且低通滤波电路上限截止频率小于高通滤波电路下限截止频率，即成为带阻滤波电路。

5.6 电压比较电路

集成运算放大器处于开环或者加入正反馈时，运放处于非线性工作状态，电压放大倍数很大，只要两个输入端的电位略有差异，输出电压即达到饱和，满足如下关系：

$$u_+ > u_-, \quad u_o = +U_{om} \tag{5.15}$$

$$u_+ < u_-, \quad u_o = -U_{om} \tag{5.16}$$

5.6.1 单值电压比较器

单值电压比较器电路如图 5.21（a）所示，u_i 是待比较的输入电压，U_R 为参考电压。图 5.21（a）的关系如下：

$$U_R > u_i, \quad u_o = +U_{om}$$

$$U_R < u_i, \quad u_o = -U_{om}$$

若要求实现以下关系：

$$U_R < u_i, \quad u_o = +U_{om}$$

$$U_R > u_i, \quad u_o = -U_{om}$$

则把图 5.21（a）中的 u_i 和 U_R 对调，成为图 5.21（c）即可。u_i 经过 U_R 时发生翻转，我们将比较器的输出电压从一个电平跳变到另一个电平时对应的输入电压值称为阈值电压或门限电压，用符号 U_{TH} 表示。当 $U_R = 0$ 时的比较器又称为过零比较器，如图 5.21（e）所示。

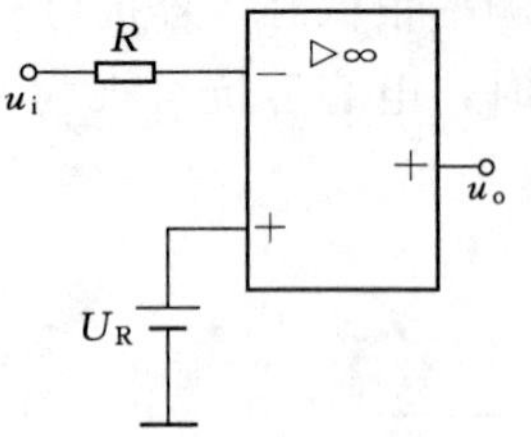

(a) U_R 接在同相端的电路

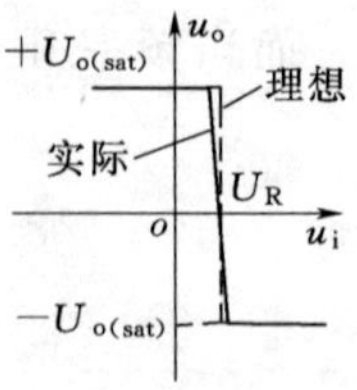

(b) U_R 接在同相端的电压传输特性曲线

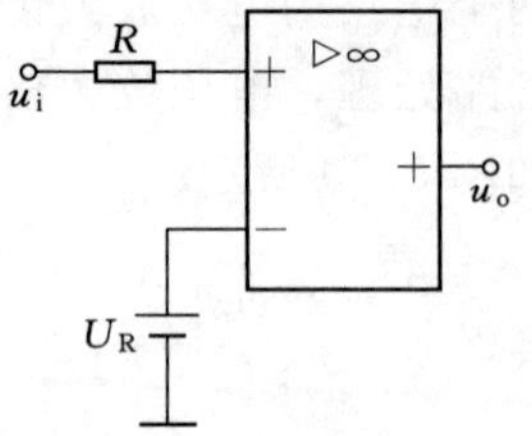

(c) U_R 接在反相端的电路

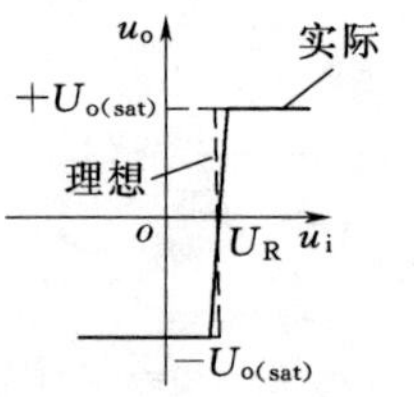

(d) U_R 接在反相端的电压传输特性曲线

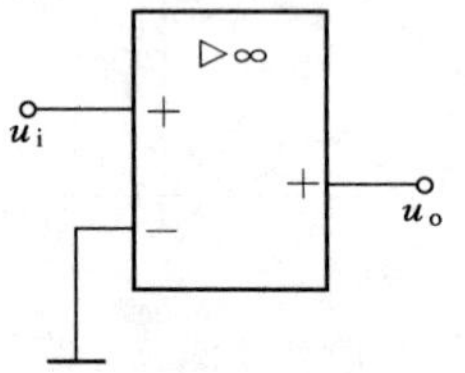

(e) 过零电压比较器

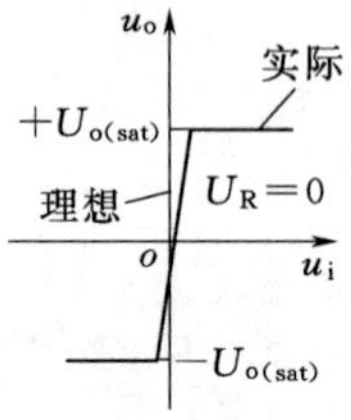

(f) 过零电压比较器的电压传输特性曲线

图 5.21　简单电压比较器电路

由于实际中集成电压比较器的开环放大倍数不是无穷大，输出电压不能垂直地从一种状态转换到另一种状态，而是沿一条斜线变化，如图 5.21（b）、（d）、（f）实线所示。

单值电压比较器，可以进行波形变换，把正弦波转换成同等频率的方波或矩形波。以图 5.21（a）为例，波形变换如图 5.22 所示。

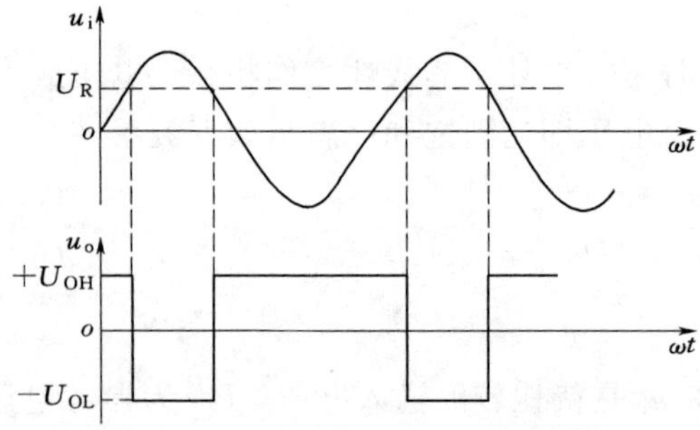

(a) $U_R>0$

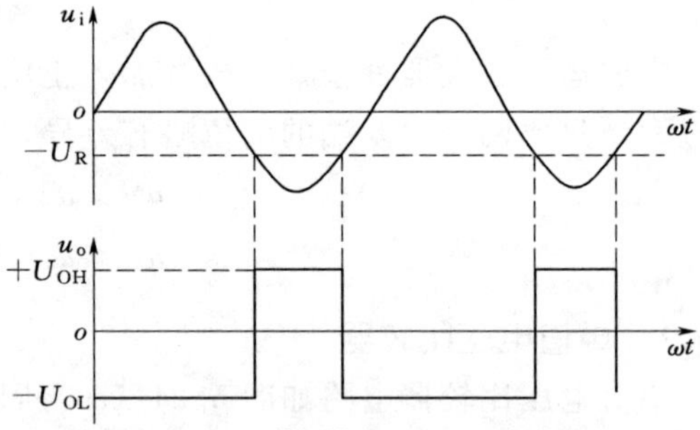

(b) $U_R<0$

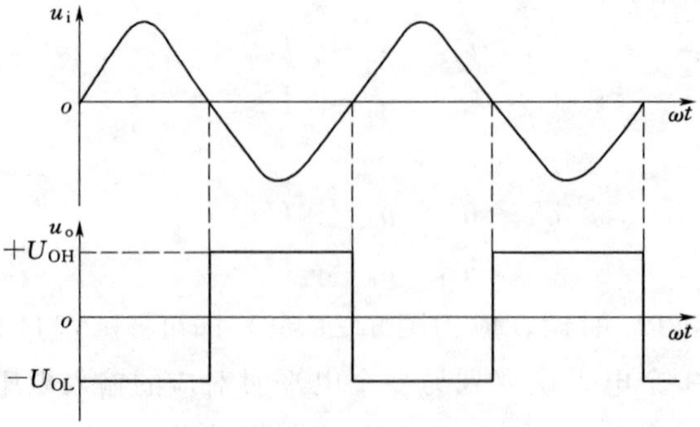

(c) $U_R=0$

图 5.22　波形变换

5.6.2 迟滞电压比较器

单一电压比较器结构简单，而且灵敏度高，但它的抗干扰能力差，当输入信号在门限电压上下波动时，可能使输出状态产生误动作。如图 5.23 所示的电路中，输入为正弦波信号，在一个正弦周期内，输出只应翻转一次，如果正弦波上叠加有一个很小的高频干扰信号，则在一个周期内输出信号将翻转多次，用此输出电压控制电机等设备，将出现频繁的动作，这是不允许的。解决的办法就是采用迟滞电压比较器，由 R_F 引入电压串联正反馈。迟滞电压比较器有反相输入和同相输入，我们这里介绍反相输入的迟滞电压比较器。

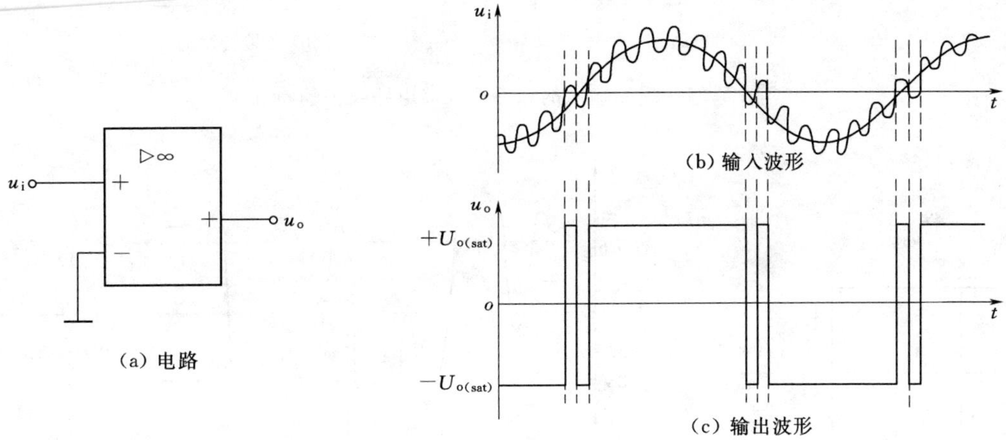

(a) 电路　(b) 输入波形　(c) 输出波形

图 5.23　因干扰产生的误动作

利用叠加原理计算得：

$$u_- = u_+ ,\quad u_+ = \frac{R_2}{R_2 + R_f} u_o + \frac{R_f}{R_2 + R_f} U_R$$

集成运放工作在非线性区时，输出电压为正饱和电压 $+U_{om}$ 或负饱和电压 $-U_{om}$，因此 u_+ 有两个值。

当输出为正向饱和电压 $+U_{om}$ 时，集成运放的同相端电压为上门限电平，用 U_{TH1} 表示：

$$U_{TH1} = u_+ = U_{REF}\frac{R_f}{R_f + R_2} + U_{om}\frac{R_2}{R_2 + R_f} \tag{5.17}$$

当输出为负向饱和电压 $-U_{om}$ 时，集成运放的同相端电压为下门限电平，用 U_{TH2} 表示：

$$U_{TH2} = u_+ = U_{REF}\frac{R_f}{R_f + R_2} - U_{om}\frac{R_2}{R_2 + R_f} \tag{5.18}$$

上门限电压 U_{TH1} 与下门限电压 U_{TH2} 之差称为回差电压：

$$\Delta U_{TH} = U_{TH1} - U_{TH2} = 2U_{om}\frac{R_2}{R_2 + R_f} \tag{5.19}$$

改变 R_2 值可改变回差大小。由于回差电压的存在，大大提高了电路的抗干扰能力。

反相输入的迟滞比较器电路及传输特性如图 5.24 所示。从图 5.25（c）可见，u_i 在 U_{TH1} 与 U_{TH2} 之间变化，不会引起 u_o 的跳变。

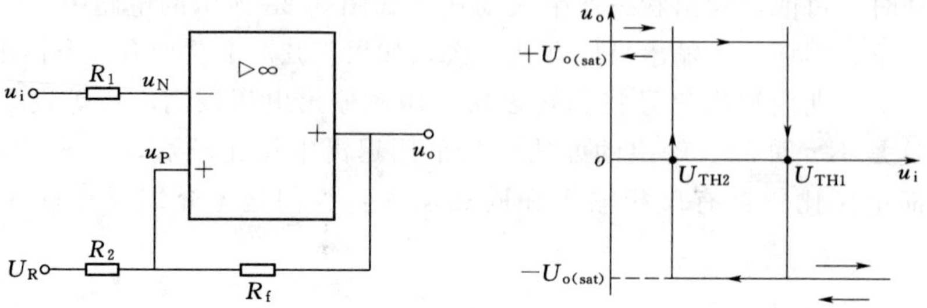

（a）电路　　（b）传输特性

图 5.24　反相输入的迟滞比较器电路及传输特性

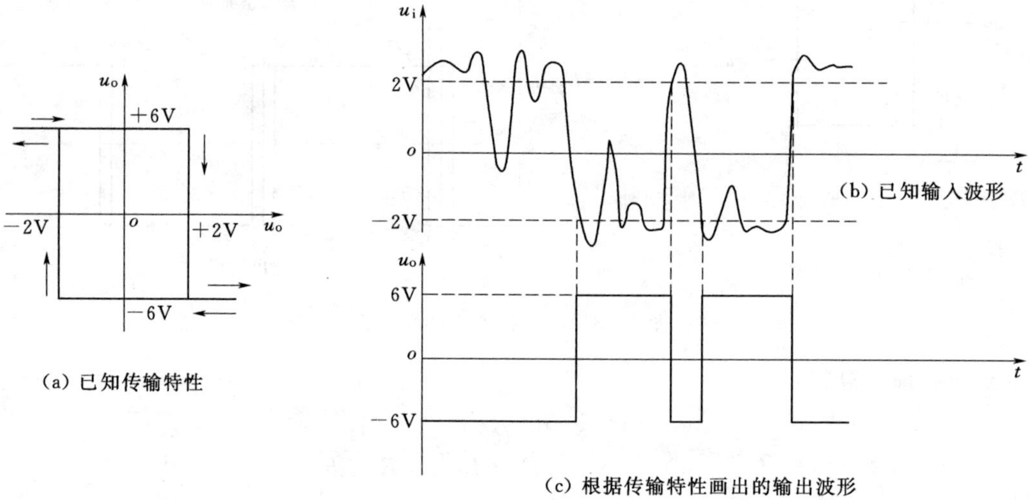

（a）已知传输特性　　（b）已知输入波形　　（c）根据传输特性画出的输出波形

图 5.25　迟滞电压比较器抗干扰能力

小　　结

（1）集成运放具有高输入阻抗、高增益、高稳定性、低输出电阻、体积小、使用方便等特点。

（2）集成运放工作区可以分为线性区和非线性区。运放工作在线性区时，需加入负反馈电路，运放电路存在着“虚短”和“虚断”的特性；运放工作在非线性区时，通常为开环或加入正反馈电路，当同相输入端的电压高于反相输入端电压时，输出为正的饱和值，当反相输入端的电压高于同相输入端电压时，输出为负的饱和值。

（3）运放工作在线性区时，有同相输入、反相输入和双端输入三种输入方式，可构成同相比例放大电路、反相比例放大电路、减法电路、反相求和电路、微分电路、积分电路等。

（4）运放的工作在非线性区时，可以构成电压比较器等电路。常见的有单值电压比较器、迟滞电压比较器等。

练　习　题

1. 填空题

（1）集成运放由________、________、________和________四部分组成。

（2）理想集成运放的开环放大倍数 A_{od}=________；差模输入电阻 r_{id}=________；输出电阻 r_o=________；共模抑制比 K_{CMRR}=________。

（3）集成运放有两个工作区，分别是________ 和 ________ 。

（4）理想运放工作在线性区是，有两个重要的特点，它们是________ 和________ 。

（5）有源滤波电路包括：________、________、________、和________。

（6）电压-电流转换电路，在输入电压恒定时，为________电路。

（7）单值电压比较器有________个门限电压，迟滞电压比较器有________个门限电压。

（8）迟滞电压比较器的回差电压等于________。

2. 选择题

（1）工作在线性区的运算放大器应处于（　　）状态。

A. 负反馈　　B. 开环　　C. 正反馈　　D. 无反馈

（2）运算放大器开环或加入正反馈时工作在（　　）。

A. 线性区　　B. 非线性区　　C. 放大区　　D. 截止区

（3）能将矩形波转变成三角波的电路是（　　）。

A. 比例运算电路　　B. 微分运算电路　　C. 积分运算电路　　D. 加法电路

（4）工作在非线性区的运算放大器具有（　　）的特点。

A. 虚短　　B. 虚断　　C. 虚断和虚短　　D. 虚地

（5）由理想集成运算放大器构成的比例运算电路，其放大倍数与运放本身的参数（　　）。

A. 有关　　B. 无关　　C. 不一定有关　　D. 不一定无关

（6）关于迟滞比较器的说法，不正确的是（　　）。

A. 有两个门限电压　　B. 运放工作在线性区

C. 一定加有正反馈　　D. 输出电压只有两种可能

3. 计算分析题

（1）电路如图 5.26 所示，求各电路的输出电压 U_o。

（2）电路如图 5.27 所示，试求电路的输出电压 U_o。

（3）试求出图 5.28 所示电路中的 U_o。

（4）电压比较器电路如图 5.29（a）所示，$U_Z=\pm 6V$。

1）画出电路的传输特性曲线。

2）若输入电压波形如图 5.29（b）所示，试画出输出电压的波形。

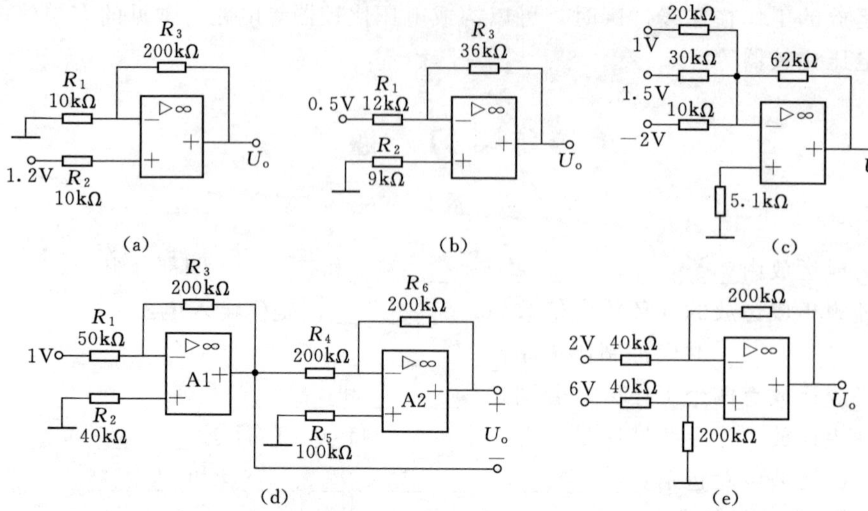

图 5.26　题 3（1）图

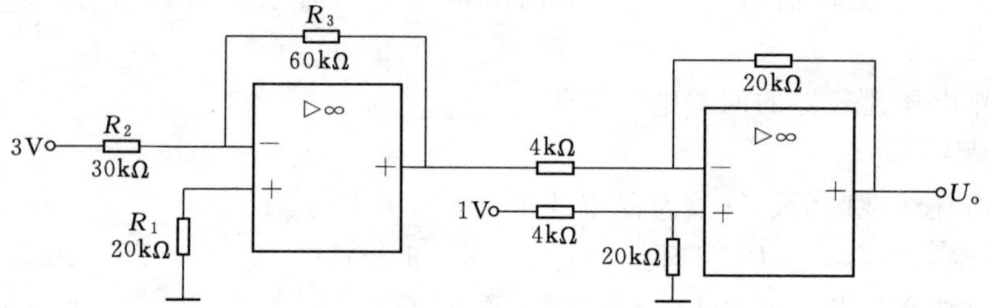

图 5.27　图 3（2）图

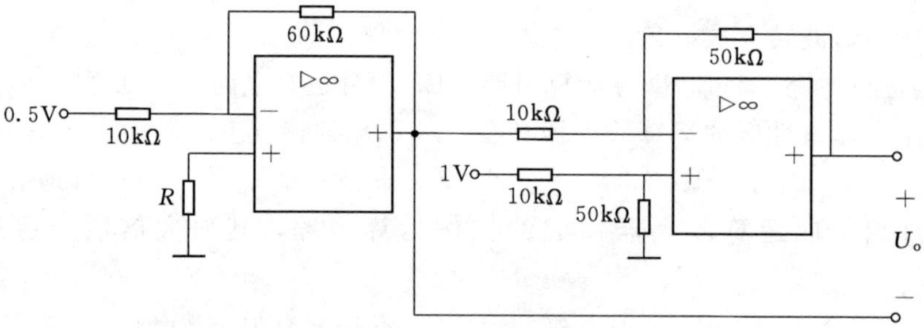

图 5.28　题 3（3）图

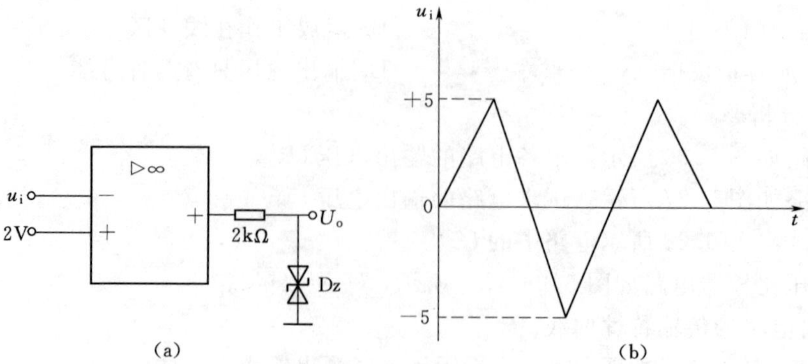

图 5.29　题 3（4）图

（5）电路如图 5.30 所示，$U_Z=\pm 6V$。

1）计算其门限电压和回差电压，画出电路的传输特性曲线。

2）若输入电压 $u_i=6\sin\omega t$（V），试画出输出电压的波形。

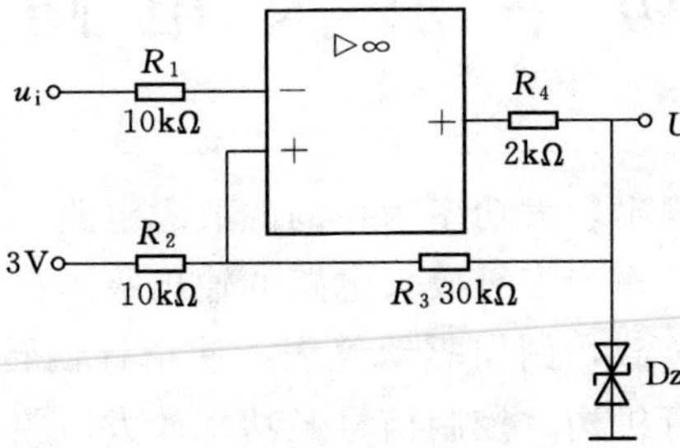

图 5.30　题 3（5）图

（6）电路如图 5.31 所示，$U_Z=\pm 6V$。

1）计算其门限电压和回差电压，画出电路的传输特性曲线。

2）若输入电压 $u_i=10\sin\omega t$（V），试画出输出电压的波形。

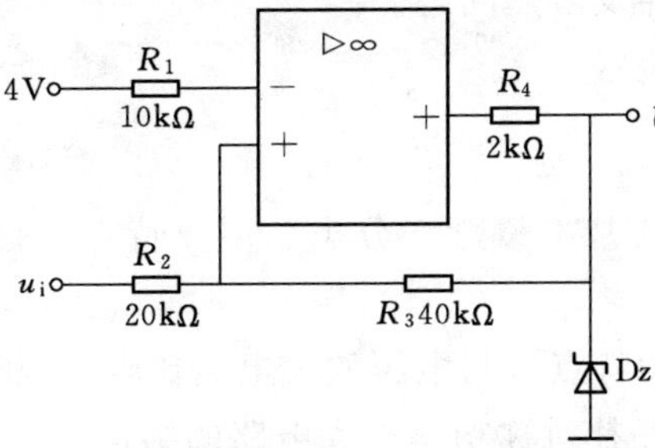

图 5.31　题 3（6）图

第 6 章

功 率 放 大 电 路

功率放大电路是一种以输出较大功率为目的的放大电路。它一般直接驱动负载，带载能力要强。功率放大电路通常作为多级放大电路的输出级。在很多电子设备中，要求放大电路的输出级能够带动某种负载，例如驱动仪表，使指针偏转；驱动扬声器，使之发声；或驱动自动控制系统中的执行机构，控制信号经功率放大后驱动继电器动作、带动电动机转动，扫描信号经功率放大后驱动显像管的偏转线圈等。

能力目标：

（1）能制作双声道音频功率放大器。

（2）能解决输出功率、效率和非线性失真三者之间矛盾的方法。

（3）能解决各种功率器件及散热问题。

（4）能制作集成功率放大器。

知识目标：

（1）了解功率放大电路的基本概念、分类、主要特点、性能指标、主要类型及电路特性。

（2）了解功率放大电路的特点（与电压放大电路比较）及类型。

（3）掌握 OCL 和 OTL 互补对称功率放大电路的结构、特点、工作原理、相关计算。

（4）掌握 OCL 与 OTL 功率放大电路的基本组成及其区别。

6.1 双声道音频功率放大器的制作

6.1.1 实训目的

通过进行双声道音频功率放大器的制作，认识相关元器件；了解 TDA2030 的使用方法及特性；了解功率放大电路的构成；掌握功率放大电路元器件的选择及检测方法。

6.1.2 实训器材

本实训所用到的元件及工具见表 6.1。

表 6.1　　元 件 工 具 表

名　称	型　号	数　量	备　注
电阻	10	2	
电阻	330	2	
电阻	1k	2	

续表

名　称	型　号	数　量	备　注
电阻	1k5	2	
电阻	2k2	2	
电阻	10k	3	
电阻	22k	2	
电阻	5k6	2	
电阻	47k	2	
电容	222	2	
电容	223	4	
电容	224	4	
电容	104	2	
电容	10μF/25V	4	
电容	2200μF/25V	2	
双联电位器	100k	2	
双联电位器	50k	1	
按键开关		1	
双声道耳机插座		1	
接线柱	2P	2	
接线柱	3P	1	
二极管	1N4007	4	
发光二极管	3mm	1	
集成功率放大器芯片	TDA2030	2	
散热片		2	
音箱钮		3	
变压器	12V	1	
音频线		1	
插针		3	
万用表		1	
电烙铁	25W	1	
万能板		1	
焊锡、松香		若干	
连接导线		若干	

6.1.3　实训电路

实训中的双声道音频功率放大器电路原理图如图 6.1 所示，采用的是功率放大器芯片 TDA2030，5 脚单列直插式塑料封装结构。音频信号从 J_1 输入，经过 R_1 和 R_{10} 到达音量调节电位器 R_{P1}，改变 R_{P1} 的阻值大小可以调整音量的大小，信号接着经过 R_2 和 R_{11} 到达低音调节电位器 R_{P2}，改变 R_{P2} 的阻值大小可以调整低音效果，信号接着经过 C_1 和 R_8 到达高音调节电位器 R_{P3}，改变 R_{P3} 的阻值大小可以调整高音效果，信号接着经过 R_3、C_3 和 R_{12}、C_{10} 到达 TDA2030 芯片 U_1 和 U_2 进行功率的放大，放大倍数大约为 60 多倍，最后经 J_2、J_3 接口输出。交流电从 J4 接口输入，经过开关 S_1 到达 4 个整流二极管 VD_1～VD_4 整流后，送给电容 C_{11} 和 C_{18} 进行滤波，得到波动较小的直流电分别送给 TDA2030 芯片 U_1、U_2 的 3 脚和 5 脚供电。

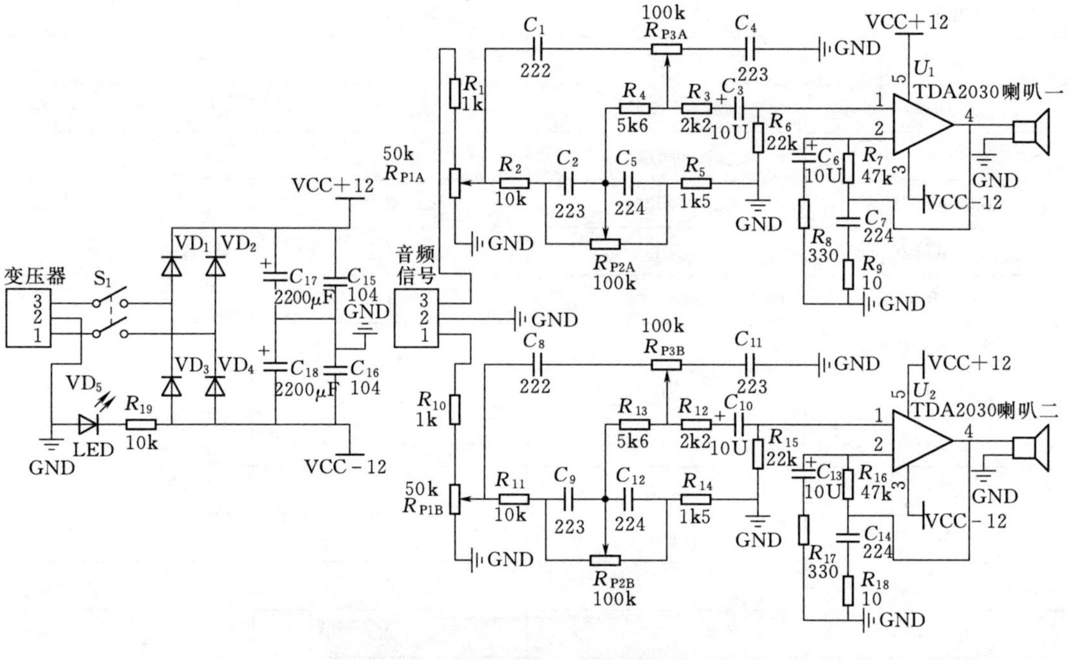

图 6.1　电路原理图

6.1.4　实训步骤

（1）调整仪器仪表，检测各元器件的质量。

（2）按图 6.2 的电路图正确焊接元器件及线路，装配好的成品如图 6.3 所示。

（3）检查元器件及线路焊接正确无误后，测量音频信号输入、输出端无短路，电源输入端无短路。若存在短路现象，先解决短路问题。

（4）用双 12V 变压器接通 12V 电源，测量音频信号输入、输出端无电压；测量 TDA2030 电源是否正常。接入音源及喇叭。

（5）播放音乐，分别调节音量、高音、低音旋钮，倾听播放效果变化。

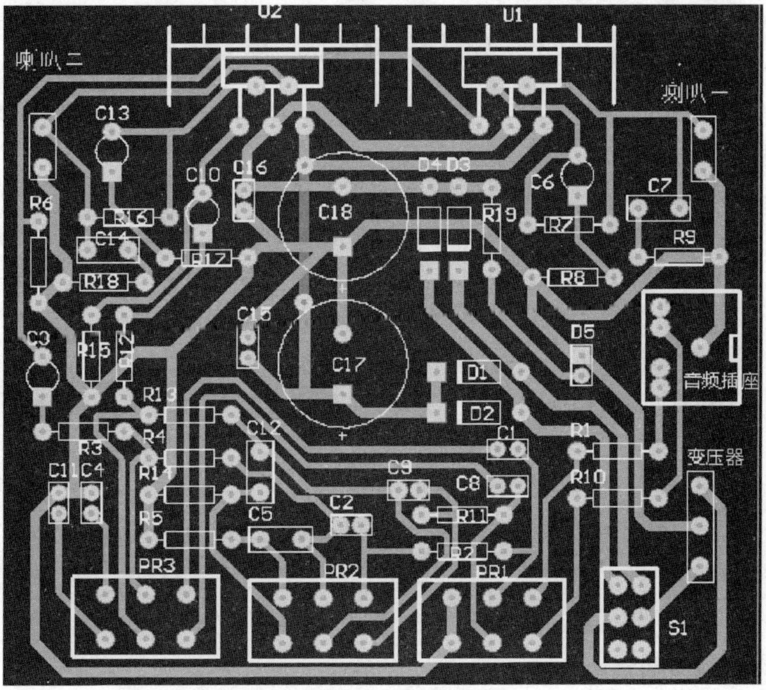

图 6.2　电路板 PCB 图

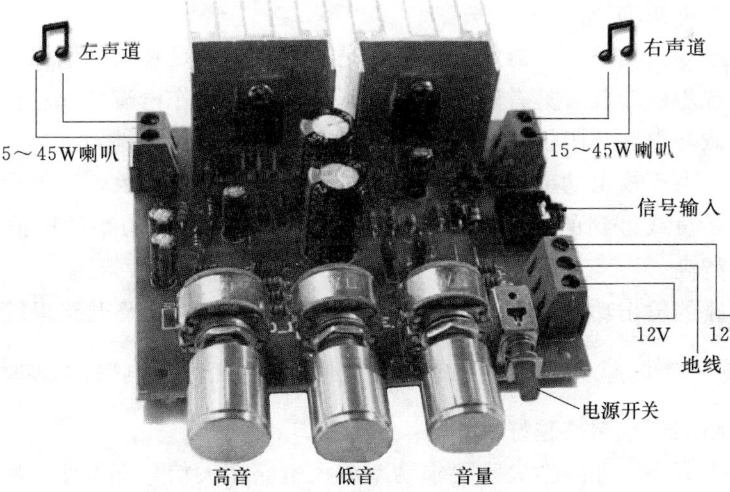

图 6.3　功率放大器电路板实物图

6.1.5　实训报告

（1）画出电路图，简要说明电路的工作原理。

（2）分析每一个元器件在电路中的作用。

（3）说明本电路焊接、调试的步骤和过程。

（4）总结电路的设计、制作、排除故障等方面的经验、体会。

6.2 功率放大电路

6.2.1 功率放大电路的主要特点

要求输出功率尽可能获得大的功率输出，要求功率放大（简称功放）管的电压和电流都有足够大的输出幅度，因此管子往往在接近极限运用状态下工作。对于电压放大电路，它的主要要求是使负载得到不失真的电压信号，输出的功率要求并不大。而对于功率放大电路，它的主要要求是获得一定的不失真（或失真程度在允许范围内）的输出功率。功率放大电路通常在大信号状态下工作，具有以下主要特点：

（1）功放电路要求输出功率足够大，因而需要输出电压和电流的幅值足够大。

（2）处于大信号输入工作状态，动态工作范围很大。

（3）通常采用图解分析方法分析功放电路。

（4）电路末级采用功率管，极限参数 I_{CM}、$U_{(BR)CEO}$、P_{CM} 等应满足实际工作要求，并留有一定余量。

（5）分析的主要指标是输出功率，效率和非线性失真等。

6.2.2 功率放大电路的基本要求

根据电功率公式 $P=UI$ 可知，功率放大电路不仅要有足够大的电压变化量，还要有足够大的电流变化量，这样才能输出足够大的功率，使负载正常工作。因此，对功率放大电路有以下几个基本要求：

（1）输出功率大。功率放大器的主要目的是为负载提供足够大的输出功率。在实际应用时，除了要求选用的功放管具有较高工作电压和较大的工作电流外，选择适当的功率放大电路、实现负载与电路的阻抗匹配等，也是提高功率输出的关键。

（2）效率高。由于输出功率大，因此直流电源消耗的功率也大，这就存在一个效率问题。所谓效率就是负载得到的有用信号功率和电源供给的直流功率的比值。这个比值越大，意味着效率越高。

功率放大电路的输出功率由直流电源 V_{CC} 提供。由于功放管及电路损耗，负载获得的输出功率 P_o 一定小于电源功率 P_v，我们把 P_o 与 P_v 之比称为电路的效率 η，即 $\eta=\frac{P_o}{P_v}$，我们希望功放电路的效率越高越好。

（3）非线性失真小。非线性失真要求功率放大电路在大信号下工作，所以不可避免地会产生非线性失真，而且同一功放管输出功率越大，非线性失真往往越严重，这就使输出功率和非线性失真成为一对主要矛盾。但是，在不同场合下，对非线性失真的要求不同，例如，在测量系统和电声设备中，非线性失真显得重要，而在工业控制系统等场合中，则以输出功率为主要目的，对非线性失真的要求就降为次要问题了。

（4）功放管的散热与保护措施。功率放大电路在工作时，功率放大管消耗的能量将使自身温度升高，不但影响其工作性能，严重时会导致其损坏。因此，功放管需要安装散热措施。此外，为了保证功放管能安全工作，还应采用过压、过流等保护措施。

6.2.3 功率放大电路的类型

根据功率放大电路中三极管静态工作点设置的不同，可分类如下：

（1）甲类功率放大器。甲类功率放大器的静态工作点 Q 位于交流负载线的中点，如图 6.4（a）中 Q_A 所示。其特点是：在输入信号的整个周期内，三极管始终处于放大状态，即三极管的导通角度为 2π，输出信号失真小，但电路效率低，如图 6.4（b）所示。

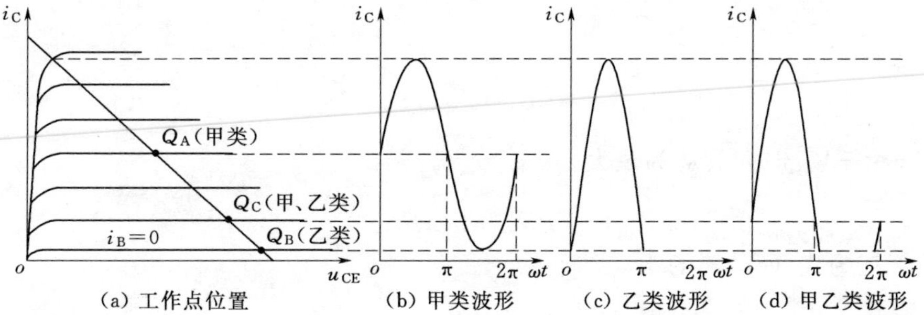

图 6.4 功率放大电路类型及其信号波形

（2）乙类功率放大器。乙类功率放大器的静态工作点 Q 位于交流负载线和输出特性曲线中 $I_B=0$ 的交点，如图 6.4（a）中 Q_B 所示。其特点是：在输入信号的整个周期内，三极管只对半个周期的信号进行放大，输出信号只有半个波形，即三极管的导通角度为 π，电路效率高，如图 6.4（c）所示。

（3）甲乙类功率放大器。甲乙类功率放大器的静态工作点 Q 点在交流负载线上略高于乙类工作点，如图 6.4（a）中 Q_C 所示。静态时 I_c 很小，在输入信号的整个周期内，三极管能对大半个周期的信号进行放大，输出信号有大半个波形，即三极管的导通角度大于 π 而小于 2π，削波程度略小于乙类功率放大器，电路效率较高，如图 6.4（d）所示。

根据功率放大器输出端的结构特点，分类如下：①有输出变压器功率放大电路；②无输出变压器功率放大电路（又称为 OTL 功率放大电路）；③无输出电容器功率放大电路（又称为 OCL 功率放大电路）；④桥式无输出变压器功率放大电路（又称为 BTL 功率放大电路）。

6.2.4 功率放大电路的主要性能指标

（1）最大输出功率 P_{om}。输出功率 P_{om} 等于输出电压 U_o 与输出电流 I_o 的乘积，即 $P_{om}=U_oI_o$。因此，电路最大输出功率 P_{om} 为

$$P_{om}=U_o\ I_o=\frac{U_{om}}{\sqrt{2}}\frac{I_{om}}{\sqrt{2}}=\frac{1}{2}U_{om}\ I_{om}=\frac{1}{2R_L}U_{om}^2 \tag{6.1}$$

式中，U_{om} 表示输出电压的振幅；I_{om} 表示输出电流的振幅。当 $U_{om}=V_{CC}$ 时，输出功率达到最大。

（2）直流电源提供的功率 P_E。两个电源各提供半波电流，其峰值 $I_{om}=U_{om}/R_L$，电源提供的平均电流值为

$$I_{E(AV)}=\frac{I_{om}}{\pi}=\frac{1}{\pi R_L}U_{om} \tag{6.2}$$

因此，两个电源提供的功率为

$$P_E=\frac{2}{\pi}I_{om}V_{CC}=\frac{2}{\pi R_L}U_{om}V_{CC} \tag{6.3}$$

当 $U_{om}=V_{CC}$ 时，两个电源提供的功率达到最大。

（3）效率 η。电路的效率等于负载获得的功率 P_o 与电源的直流功率 P_E 之比，即

$$\eta=\frac{P_o}{P_E} \tag{6.4}$$

（4）管耗 P_v。

$$P_v=P_E-P_o \tag{6.5}$$

当 $U_{om}=\frac{2}{\pi}V_{CC}$ 时，管耗为最大。

$$P_{vmax}\approx 0.4P_{omax} \tag{6.6}$$

单管管耗为式（6.6）的 1/2。

6.3 基本功率放大电路

6.3.1 互补对称式推挽 OCL 功率放大电路

互补对称式推挽 OCL 功率放大电路的原理图如图 6.5（a）所示。其中，三极管 VT_1 和 VT_2 为互补对称推挽功率放大管，两者类型不同但放大倍数等性能参数一致，俗称“功放对管”。

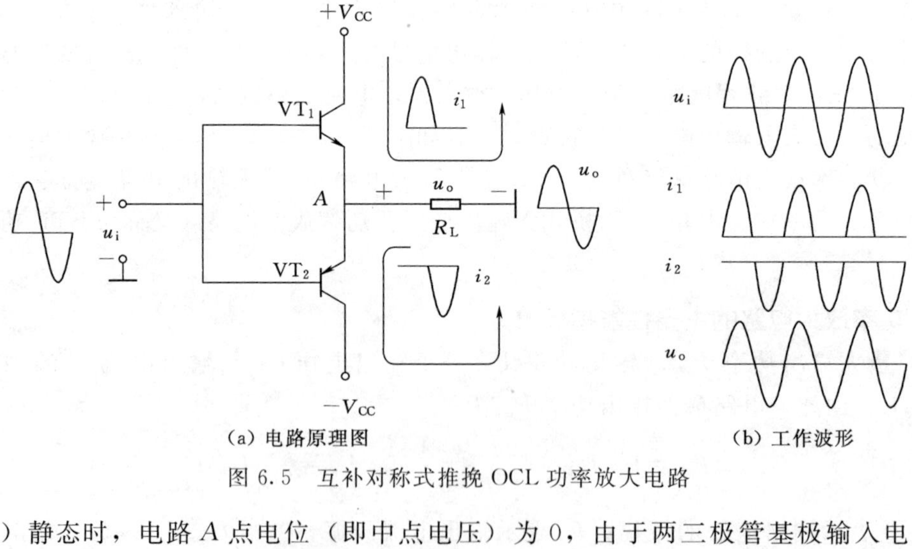

（a）电路原理图　　（b）工作波形

图 6.5　互补对称式推挽 OCL 功率放大电路

（1）静态时，电路 A 点电位（即中点电压）为 0，由于两三极管基极输入电压为 0，所以三极管 VT_1 和 VT_2 截止，电路工作在乙类状态。此时，集电极电流 $I_{C1}=0$、$I_{C2}=0$。

（2）动态时，当输入端输入信号后，在输入信号正半周，三极管 VT_1 放大，VT_2 截止。VT_1 的集电极电流 i_1 由正电源 $+V_{CC}$ 经 VT_1 通过 R_L 上形成正半周信号；而在信号负半周 VT_2 放大，VT_1 截止。VT_2 的集电极电流 i_2 由地经负载 R_L 与 VT_2 到负电源 $-V_{CC}$，在 R_L 上形成负半周信号，信号工作波形成如图 6.5（b）所示。

由此可见，在互补对称式推挽 OCL 功率放大电路中，NPN 型管对输入正半周信号放大，PNP 型管对输入负半周信号放大。两管彼此互补、推挽放大得到一个完整的信号。

（3）交越失真。因为乙类功率放大电路工作时，两个三极管的静态电流 I_{C1}、I_{C2} 均等于 0，只有当有信号输入时电源才提供电流，因此，电路的效率很高，理论上可达 78%。但是，由于三极管输入特性的非线性，输入信号的幅度必须大于三极管的死区电压才能导通。因此，当信号比较小（零点附近）时，其输出波形将会产生失真，如图 6.6（a）所示。由于信号在过零点附近三极管未导通而产生的波形失真，称为交越失真。

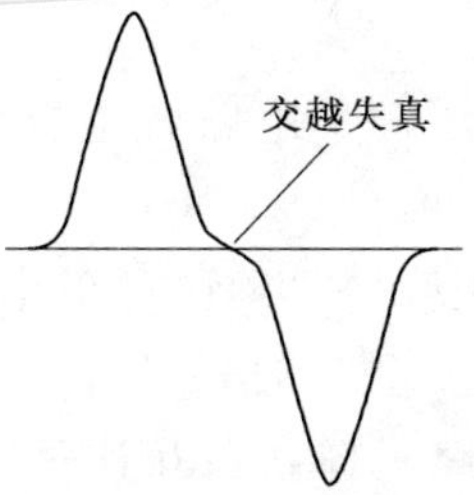

（a）交越失真波形

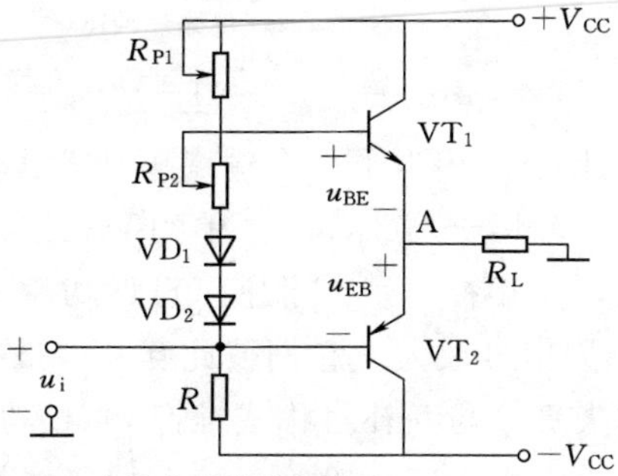

（b）交越失真消除电路（R_{P2}、VD_1、VD_2）

图 6.6 乙类电路交越失真及其消除电路

（4）甲乙类功率放大电路。在实际应用中，通常在三极管 VT_1 和 VT_2 的基极之间加一定的偏置电路（如电位器、二极管、热敏电阻等），形成一定电位差的方法，将两个三极管的静态点设置在放大区边缘（即甲乙类），使两个二极管在静态时微微导通，以消除电路中的交越失真，如图 6.6（b）电路所示。

（5）电路特点：采用正、负双电源供电；无输出电容，负载直接接地，应注意保护好功放管及负载的安全；低频响应好，音质好。

（6）电路各主要性能指标可按式（6.1）～式（6.6）进行计算。

6.3.2 互补对称式推挽 OTL 功率放大电路

互补对称式推挽 OTL 功率放大电路的原理示意图如图 6.7（a）所示。图中，VT_1、VT_2 是互补对称推挽功率放大管；R_P 为 VT_1、VT_2 的偏置电位器；C_o 为输出耦合电容；R_L 为负载。

（1）静态时，调整 VT_1 和 VT_2 的基极偏置电位器；使 A 点电压（即中点电压）等于 $V_{CC}/2$，此时 C_o 两端充电电压为 $V_{CC}/2$，两三极管 VT_1 和 VT_2 的 C、E 极之间的电压均为 $V_{CC}/2$。由于两三极管基极之间的电压差为 0，VT_1 和 VT_2 均截止，工作在乙类功率放大电路状态，集电极电流 $I_{C1}=0$、$I_{C2}=0$。

（2）动态时，如图 6.7 所示，当输入端输入信号后，在信号正半周，由于三极管基极电位高于发射极电位，三极管 VT_2 截止，VT_1 放大。VT_1 的集电极电流 i_1 从电源 V_{CC} "+"极，通过 VT_1、C_o 和 R_L 向 C_o 充电，在 R_L 上形成正半周信号；在信号负半周，由于三极管基极电位低于发射极电位，三极管 VT_1 截止，VT_2 放大。电容 C_o 通过 VT_2 和 R_L 放电，形成 VT_2 集电极电流 i_2，在 R_L 形成负半周信号。由于 C_o 容量较大，两端电压

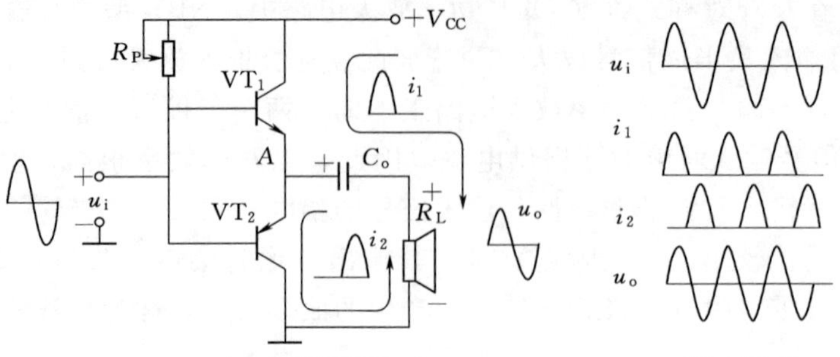

(a) 电路原理图　　　　(b) 工作波

图 6.7　互补对称式推挽 OTL 功率放大电路

基本不变，因此，C_o 相当于一个输出电压为 $V_{CC}/2$ 的电压源。电路各主要性能指标计算时，只需将式（6.1）～式（6.6）中的 V_{CC} 改为 $V_{CC}/2$ 即可。

由此可见，在互补对称式推挽 OTL 功率放大电路中，NPN 管对正半周信号放大，PNP 管对负半周信号放大。它们彼此互补、推挽放大一个完整的信号输出。

（3）交越失真。与互补对称式推挽 OCL 功率放大电路一样，在互补对称式推挽 OTL 功率放大电路中，由于三极管输入特性的非线性，当信号比较小时（零点附近），其输出波形将会产生交越失真，需要在实际电路的 VT_1 和 VT_2 基极之间加一定的偏置电路，形成一定电压差来消除电路中的交越失真。

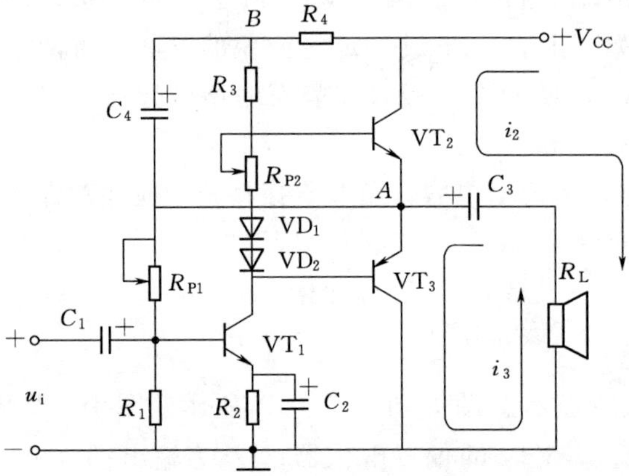

图 6.8　典型互补对称式推挽 OTL 功率放大电路

（4）典型应用电路。图 6.8 是典型的互补对称式推挽 OTL 功率放大电路，其中，VT_1 是激励放大管（也称为推动放大管），它给功率放大电路的输出级提供足够的推动功率。R_{P1}、R_1、R_2 是 VT_1 的偏置电阻；R_4、R_3、R_{P2}、VD_1、VD_2 是 VT_1 的集电极负载电阻，其中 R_{P2}、VD_1、VD_2 还构成交越失真消除电路；VT_2 和 VT_3 是互补对称推挽功率放大管，组成功率放大电路输出级；C_i 是输入耦合电容；C_2 是 VT_1 发射极旁路电容，它可减小信号的损耗；C_3 是输出耦合电容，并充当 VT_3 回路的直流电源，容量较大，通常选在几百至几千微法之间；R_4、C_4 组成自举电路；R_L 为负载。

（5）自举电路。在图 6.8 中，R_4 和 C_4 是为了改善输出波形、提高电路的功率增益而引入的，通常称为自举电路。在输出电压增大至最大值附近时，由于 A 点电压的上升，导致三极管 VT_2 的输入电压 U_{BE2} 相对下降，致使其集电极电流在输入信号上升时随之上升受到限制，在负载上形成正半周信号顶部失真，如图 6.9（a）所示。接入 R_4 和 C_4 后，由于 C_4 容量很大，两端电压不变，可等效为一个恒压源。这样，当输出电压增大到最大值附近时，A 点电压上升，由于 C_4 两端电压不能突变，将导致 R_4 左端 B 点的电压随之上升，B 点电压上升，将导致三极管 VT_2 的基极电压上升，三极管 VT_2 的基极电压上升，将使输入电压 U_{BE2} 不会因 A 点电压的上升而相对下降，致使其集电极电流随输入信号的上升而上升，从而消除了输出电压正半周信号上的顶部失真，如图 6.9（b）所示。由于在此过程中，电路 R_4 和 C_4 利用的是三极管 VT_2 的输出来提高自身的输入，因此，R_4 和 C_4 称为自举电路。

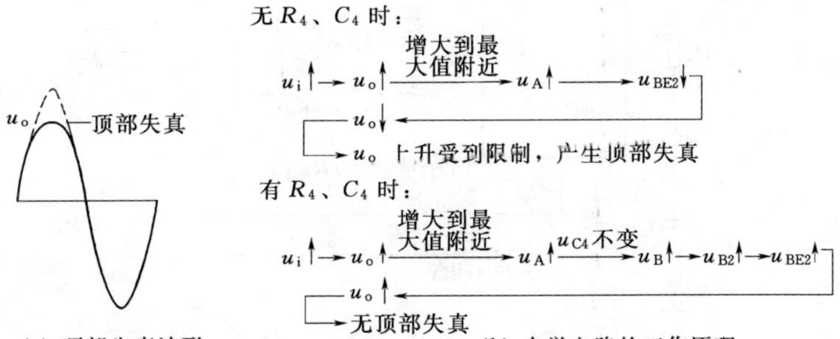

(a) 顶部失真波形　　(b) 自举电路的工作原理

图 6.9　输出信号的顶部失真及自举电路工作原理

（6）电路特点：采用单电源供电；有输出电容与负载相连接地；低频响应差；存在顶部失真，须采用自举电路消除。

6.3.3　复合管功率放大器

输出功率较大的电路，需要采用较大的功率放大管。大功率管的电流放大系数 β 往往较小，而且选择用特性一致的互补管比较困难。在实际应用中，通常采用复合管。复合管是用两只或两只以上的三极管按照一定的规律进行组合，等效为一只三极管。复合管又称为达林顿管，如图 6.10 所示。复合管具有以下特点：

（1）复合管的类型取决于前一只三极管，即 i_B 向内流的等效为 NPN 型管，如图 6.10（a）、（d）所示。i_B 向外流的等效为 PNP 型管，如图 6.10（b）、（c）所示。

（2）复合管的电流放大系数等于各三极管的电流放大系数的乘积。即 $\beta=\beta_1 \cdot \beta_2 \cdot \cdots$。

（3）复合管的各极电流必须符合电流一致性原则，即各极电流的流向必须一致：串接点处电流主向一致，并接点处的电流总的代数和为 0。

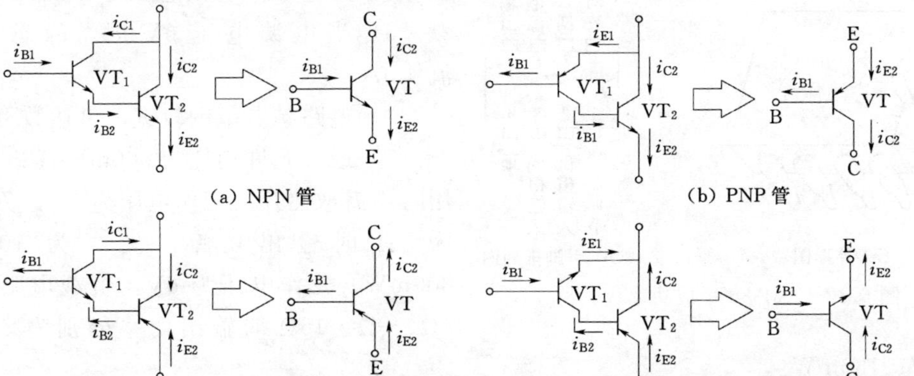

(a) NPN 管　　(b) PNP 管

(c) PNP 管　　(d) NPN 管

图 6.10　复合管的组合方式

图 6.11 为一采用复合作为功放管的 OCL 电路，其中，VT_1、VT_2 构成复合 NPN 型功放管，VT_3、VT_4 构成复合 PNP 型功放管。

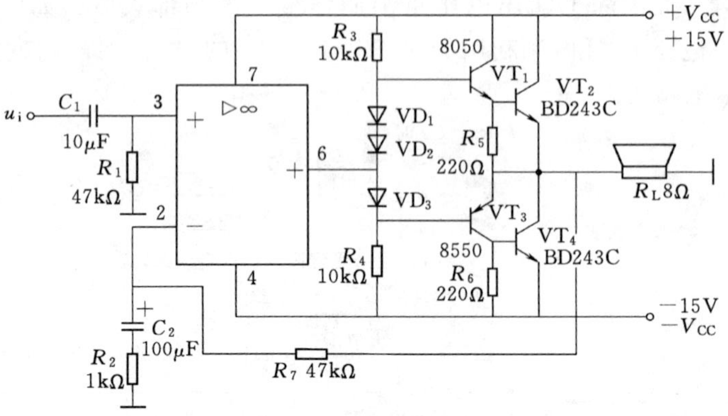

图 6.11　采用复合管作功放管的 OCL 电路

6.4　集成功率放大器

集成功率放大器简称集成功放，它是在集成运放基础上发展起来的，其内部电路与集成运放相似。但是，由于其安全、高效、大功率和低失真的要求，使得它与集成运放又有很大的不同。集成功率放大电路内部多采用深度负反馈，使其工作稳定。集成功率放大器广泛应用于收录机、电视机、开关功率电路、伺服放大电路中，输出功率由几百毫瓦到几百瓦。集成功率放大器具有输出功率大，外围连接元件少、工作稳定、使用方便等优点，目前使用越来越广泛。

6.4.1　LM386 集成功率放大器

（1）主要性能参数。LM386 是小功率音频放大器集成电路，图 6.12 是它的外形和引脚排列图。主要性能参数如下：

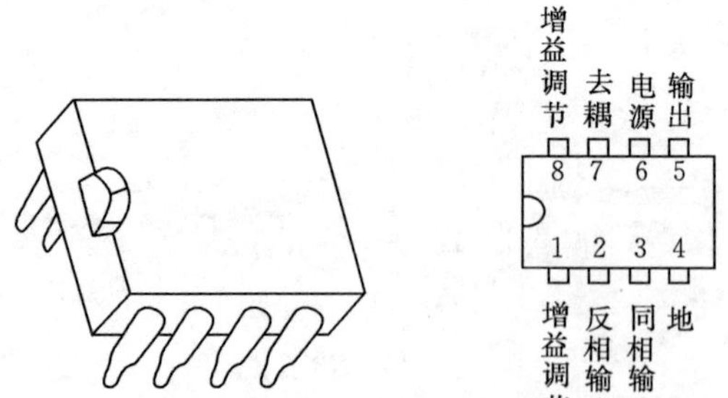

图 6.12　LM386 集成功率放大器

1）8 脚双列直插式塑料封装。

2）额定工作电压范围为 4～16V。

3）当电源电压 6V 时，静态工作电流 4mA。

4）电路频响范围较宽，可达数百千赫。

5）最大允许功耗为 660mW（25℃），使用时不需散热片。工作电压为 4V，负载电阻为 4Ω 时输出功率（失真为 10%）约 300mW；工作电压为 6V，负载电阻分别为 4Ω、8Ω、16Ω 时输出功率分别为 340mW、325mW、180mW。

（2）引脚功能。LM386 有两个信号输入端，当信号从脚 2 输入时，构成反相放大器，从 3 端输入时，构成同相放大器。每个输入端的输入阻抗都为 50kΩ，而且输入端对地的直流电位接近于零，即使与地短路，输出直流电平也不会产生大的偏离。脚 1 和脚 8 之间用来外接电阻、电容元件，以调整电路的电压增益。

（3）典型应用电路。图 6.13 是用 LM386 组成的 OTL 功率放大电路的应用电路。7 脚接去耦电容 C，5 脚输出端所接 10Ω 和 0.1μF，串联网络是为防止电路自激而设置的，1 脚、8 脚所接阻容网络是为了调整电路的电压增益而附加的，电容的取值为 10μF，R 约为 20kΩ。R 值越小，增益越大。1 脚、8 脚间也可开路使用。综上所述，LM386 用于音频功率放大时，最简电路只需一只输出电容接扬声器。当需要高增益时，也只需再增加一只 10μF 电容短接在 1 脚、8 脚之间。例如，在用作唱机放大器时，可采用最简电路；在用作收音机检波输出端时，可用高增益电路。

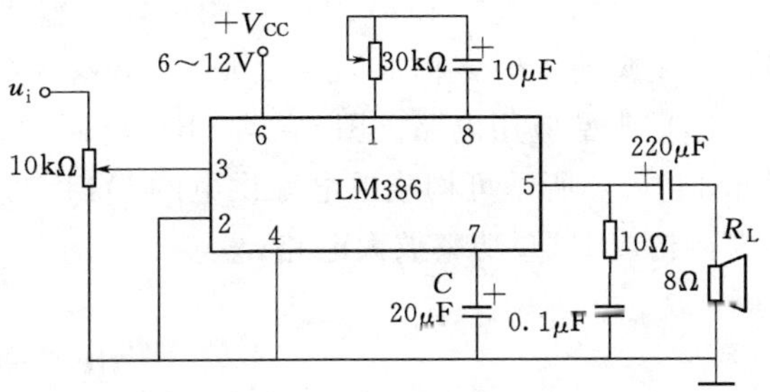

图 6.13　用 LM386 组成的 OTL 电路

6.4.2　TDA2030 集成功率放大器

（1）主要性能参数。TDA2030 集成功率放大器，是一种适用于高保真立体声扩音机中的音频功率放大集成电路。其外接引线和外接元件少，内部设有短路保护和热切断保护电路。TDA2030 集成功率放大器的引脚排列如图 6.14（a）所示。主要性能参数包括：①5 脚单列直插式塑料封装；②电源电压范围为 ±（6～18）V；③静态工作电流小于

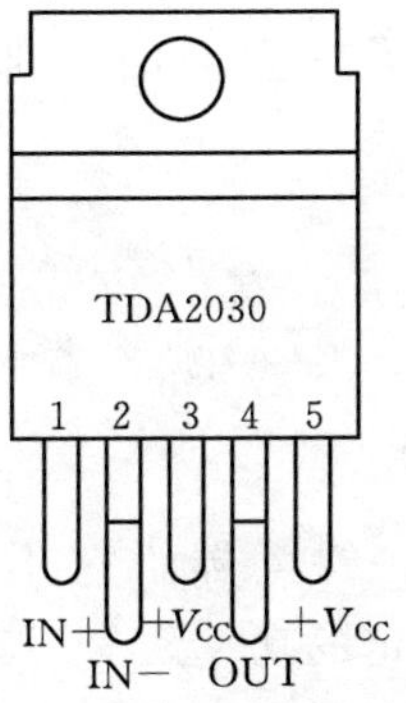

（a）引脚排列

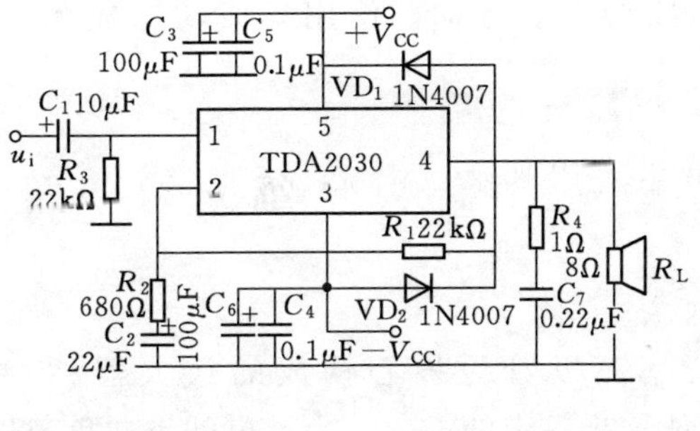

（b）双电源供电：OCL 功率放大电路

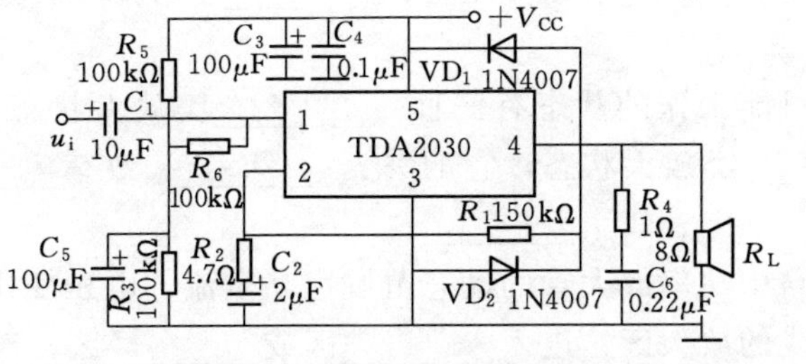

（c）单电源供电：OTL 功率放大电路

图 6.14　TDA2030 及其应用电路

60μA；④频率响应为 10～140Hz，谐波失真小于 0.5%；⑤在 $V_{CC}=\pm 14V$、$R_L=4\Omega$ 时，输出功率为 14W。

（2）引脚功能。TDA2030 有两个信号输入端，当信号从 2 脚输入时，构成反相放大器，从 1 脚输入时，构成同相放大器。3 脚为负电源，5 脚为正电源，4 脚为输出端。

（3）典型应用电路。图 6.14（b）所示电路构成由双电源供电的 OCL 功率放大器，图 6.14（c）所示可构成单电源供电的 OTL 功率放大器，还可由两个 TDA2030 集成功率放大器构成 BTL 功率放大电路。

小　结

（1）功率放大器的主要任务是在不失真前提下，输出大信号功率。以工作点在交流负载线上的位置分类有：甲类功率放大电路、乙类功率放大电路、甲乙类功率放大电路；以输出终端特点分类有：OTL、OCL、BTL 等。

（2）甲类功率放大电路简单，最大的缺点是效率低（最高理想效率仅 50%，实际仅 30%～35%）；乙类功率放大电路采用双管推挽输出，效率较高（最高可达 78%，实际仅达 60%），但它有交越失真的缺点，要克服交越失真应选用甲乙类功率放大电路。

（3）为了减少输出变压器和输出电容给功率放大器带来的不便和失真，出现了无输出变压器功率放大电路（OTL）和无输出电容功率放大电路（OCL），前者采用单电源，后者采用双电源。

（4）集成功率放大器具有体积小、质量轻、工作可靠、调试组装方便之优点，是今后功率放大电路的发展方向。使用集成功率放大电路应了解它们的外部特性和应用电路。

练　习　题

1. 填空题

（1）以功率三极管为核心构成的放大器称________放大器。它不但输出一定的________还能输出一定的________，也就是向负载提供一定的功率。

（2）功率放大器简称________。对它的要求与低频放大电路不同，主要是要求：________尽可能大、________尽可能高、________尽可能小，还要考虑________管的散热问题。

（3）功率放大管可能工作的状态有三种：________类放大状态，它的失真________、效率________；________类放大状态，它的失真________、效率________；________类放大状态，它的失真________、效率________。

（4）功率放大电路中功率放大管的动态范围大，电流、电压变化幅度大，工作状态有可能超越输出特性曲线的放大区，进入________区或________区，产生 ________失真。

（5）所谓“互补”放大器，就是利用________型管和________型管交替工作来实现放大。

(6) 当推挽功率放大电路两只晶体管的基极电流为零时，因晶体三极管________，故在两管交替工作时产生________。

(7) 对于乙类互补称功率放大电路，当输入信号为正半周时，________型管导通，________型管截止；当输入信号为负半周时，________型管导通，________型管截止；输入信号为零（$u_i=0$）时，两管________，输出为________。

(8) 乙类互补对称功率放大电路的两功率管处于偏置工作状态，由于电压的存在，当输入信号在正负半周交替过程中造成两功率管同时________，引起________的失真，称为________失真。

(9) 甲乙类推挽功率放大电路与乙类功率放大电路比较，前者加了偏置电路向功率放大管提供少量________，以减少________失真。

(10) 乙类互补对称功率放大电路允许输出的最大功率 $P_{om}=$________，总的管耗$P_c=$________。

2. 选择题

(1) 交越失真是一种（　　）失真。

A. 截止失真　　B. 饱和失真　　C. 非线性失真

(2) 与甲类功率放大器相比较，乙类互补推挽功率放大器的主要优点是（　　）。

A. 无输出变压器　　B. 能量效率高　　C. 无交越失真

(3) 所谓效率是指（　　）。

A. 输出功率与晶体管上消耗的功率之比

B. 最大不失真输出功率与电源提供的功率之比

C. 输出功率与电源提供的功率之比

(4) 功率放大电路的效率主要与（　　）有关。

A. 电源供给的直流功率

B. 电路输出信号最大功率

C. 电路的工作状态

(5) 甲类功率放大电路的能量转换效率最高是（　　）%。

A. 50　　B. 78.5　　C. 100

(6) 乙类互补功率放大电路存在的主要问题是（　　）。

A. 输出电阻太大　　B. 效率低　　C. 交越失真

(7) 为了消除交越失真，应当使功率放大电路工作在（　　）状态。

A. 甲类　　B. 甲乙类　　C. 乙类

(8) 乙类互补功率放大电路中的交越失真就是（　　）失真。

A. 线性　　B. 饱和　　C. 截止

(9) 单电源互补推挽功率放大电路中，输出电容主要是起的作用（　　）。

A. 消除高次谐波　　B. 负电源　　C. 正电源

(10) 单电源互补推挽功率放大电路中，电路的最大输出电压为（　　）。

A. $V_{CC}-U_{CES}$　　B. $V_{CC}/2-U_{CES}$　　C. $V_{CC}-U_{CES}/2$

(11) 如图 6.15 所示的功率放大电路中，二极管 VD_1 和 VD_2 的作用是（　　）。

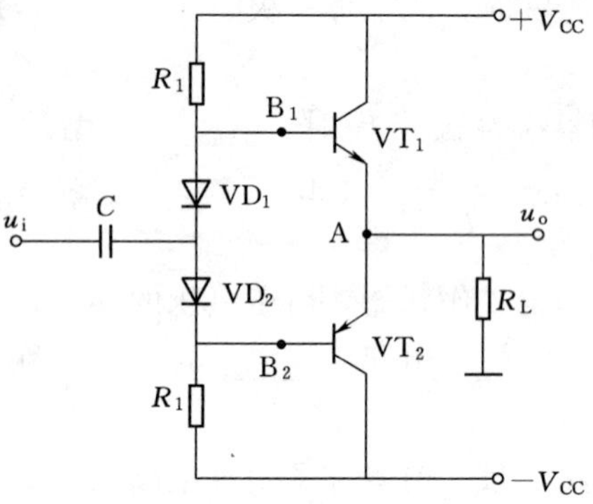

图 6.15　题 2（11）图

A. 增大输出功率

B. 消除交越失真

C. 减小三极管的穿透电流

（12）功率放大电路的最大不失真输出功率是指输入正弦波信号幅值足够大，输出信号基本不失真且幅值最大时（　　）。

A. 晶体管得到最大功率

B. 电源提供的最大功率

C. 负载上获得最大交流功率

D. 晶体管的最大耗损功率

（13）功率电路的效率主要与（　　）有关。

A. 电源供给的直流功率　B. 电路输出最大功率　　C. 电路的工作状态

3. 计算分析题

（1）互补对称功率放大电路如图题 6.16 所示，试求：

1）忽略三极管的饱和压降 U_{CES} 时的最大不失真输出功率 P_{om}。

2）若设饱和压降 $U_{CES}=1V$ 时的最大不失真输出功率 P_{om}。

（2）功率放大电路如图 6.16 所示，设输入为正弦信号，$R_L=8\Omega$，要求最大输出功率 $P_{om}=9W$，忽略三极管的饱和压降 U_{CES}，试求：

1）正、负电源 V_{CC} 的最小值。

2）输出功率最大（$P_{om}=9W$）时，电源供给的功率 P_E。

（3）对于图 6.17 所示的功率放大电路，试回答下列问题：

1）该电路属于哪种功率放大电路？

2）该电路的工作状态如何？如果输出信号出现交越失真，调整哪个元件？

3）设 $\pm V_{CC}=\pm 15V$，$R_4=R_6=220\Omega$，$R_5=R_7=0.5\Omega$，$R_L=8\Omega$，计算出电路的最大不失真输出功率 P_{om}。

（4）在如图 6.18 所示的单电源互补对称电路中，设 $V_{CC}=20V$，$R_L=8\Omega$，VT_1、VT_2

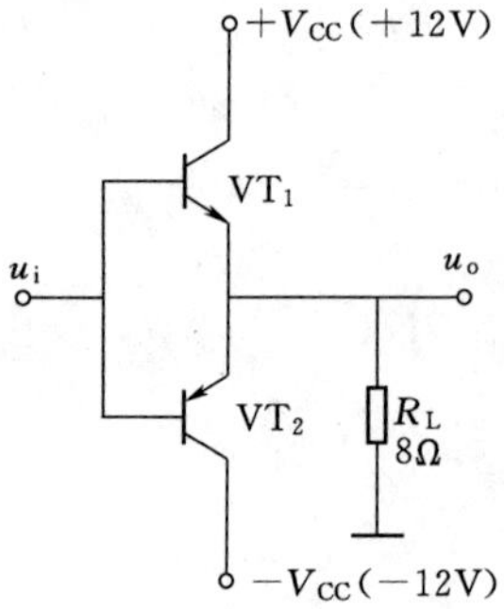

图 6.16　题 3（1）图

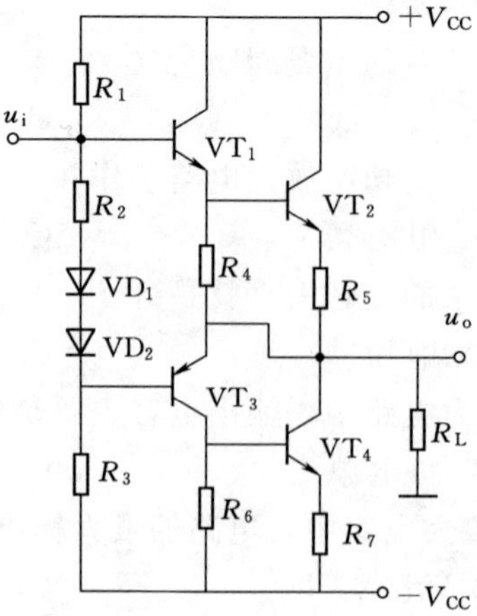

图 6.17　题 3（3）图

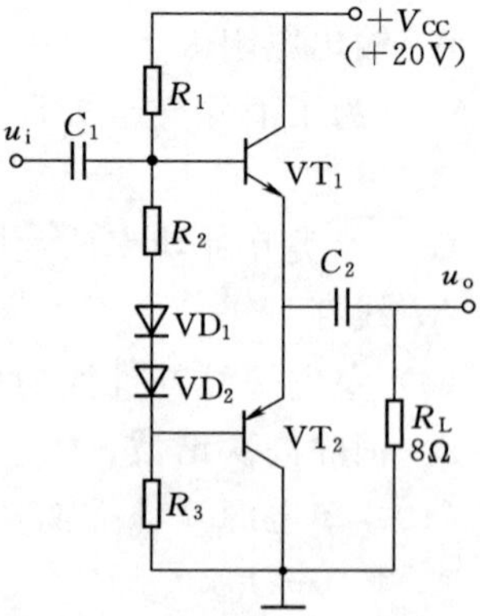

图 6.18　题 3（4）图

的饱和压降 $U_{CES}=1V$，试回答下列问题：

1）静态时，电容 C_2 两端的电压应是多少？

2）动态时，若出现交越失真，应调整哪个元件？如何调整？

3）计算出电路的最大不失真输出功率 P_{om} 和效率 η。

（5）用集成功率放大器 TDA2030 组成的功率放大器如图 6.19 所示，忽略输出级三极管的饱和压降，输入为正弦信号。

1）指出该电路是属于 OTL 还是 OCL 电路。

2）求理想情况下的最大不失真输出功率 P_{om}。

3）求电路输出级的效率 η。

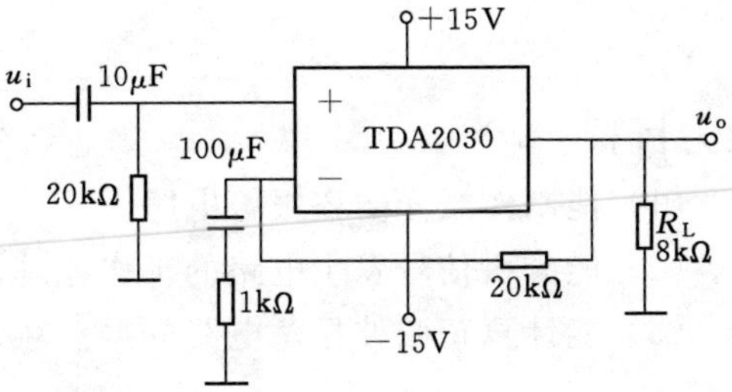

图 6.19 题 3（5）图

第 7 章

信号发生电路

能力目标：

（1）能制作激光防盗报警电路。

（2）能分析信号发生电路的工作原理。

（3）能计算正弦波振荡电路的振荡频率。

知识目标：

（1）理解正弦波振荡电路的振荡条件。

（2）了解 RC 串并联及 LC 并联谐振网络的选频性特点及其组成振荡电路的基本结构。

（3）了解各类正弦波振荡电路适用频率范围。

7.1 激光防盗报警电路制作

7.1.1 实训目的

了解激光防盗报警电路的构成，掌握信号发生电路的工作原理，掌握激光防盗报警电路的制作、安装与调试的方法。

7.1.2 实训器材

本实训所用到的元件及工具见表 7.1。

表 7.1　　元件工具表

名　称	代　号	型　号	数　量
三极管		9014	1
LM386（IC 座）			1
LM358（含座）			1
电解电容		16V，220μF	1
电解电容		16V，100μF	1
电解电容		16V，10μF	3
瓷片电容		0.1	4
电阻		1kΩ	3
电阻		3kΩ	1
电阻		22kΩ	1
电阻		10kΩ	1

续表

名　　称	代　　号	型　　号	数　　量
电阻		470kΩ	1
电阻		100kΩ	2
可调电阻		10kΩ	2
光敏电阻			1
扬声器			1
电压表			1
电烙铁		25W	1
激光发射头			1
万能板		9cm×12cm	1
焊锡、松香			若干
连接导线			若干

7.1.3 实训电路

电路功能：一旦激光束被障碍物挡住，报警器就发出声音报警。

工作原理：图 7.1 所示，比较器的光敏电阻接收到激光信号时，输出的高电平使三极管 9014 导通，将 RC 振荡器的反馈信号短路到地，无法振荡，喇叭不响。如果激光被挡住，光敏电阻阻值增加，比较器输出低电平，三极管 9014 截止，RC 振荡器振荡，喇叭发出报警声。

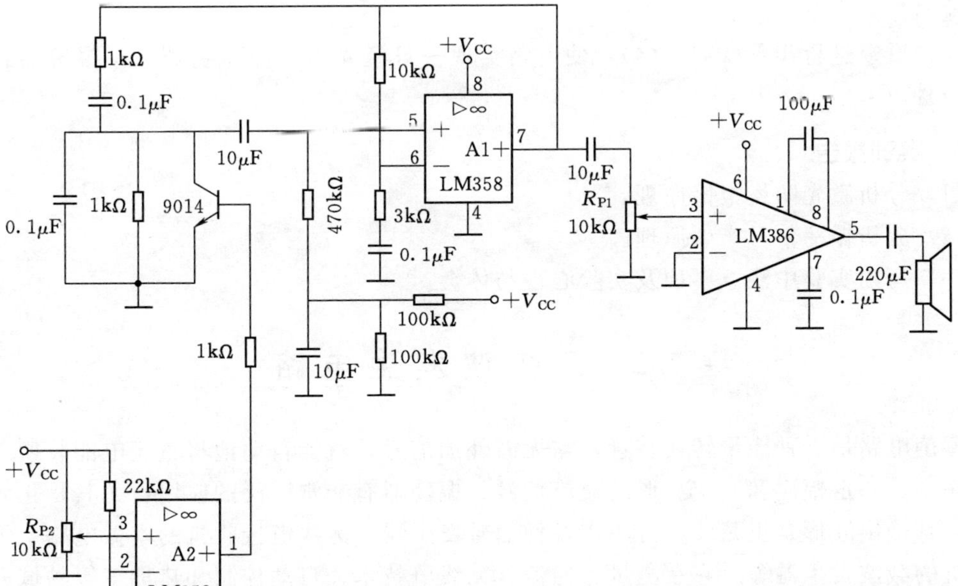

图 7.1　激光防盗报警电路原理图

7.1.4　实训步骤

（1）调整仪器仪表，检测各元器件的质量。

（2）按图 7.2 的电路图正确焊接元器件及线路。

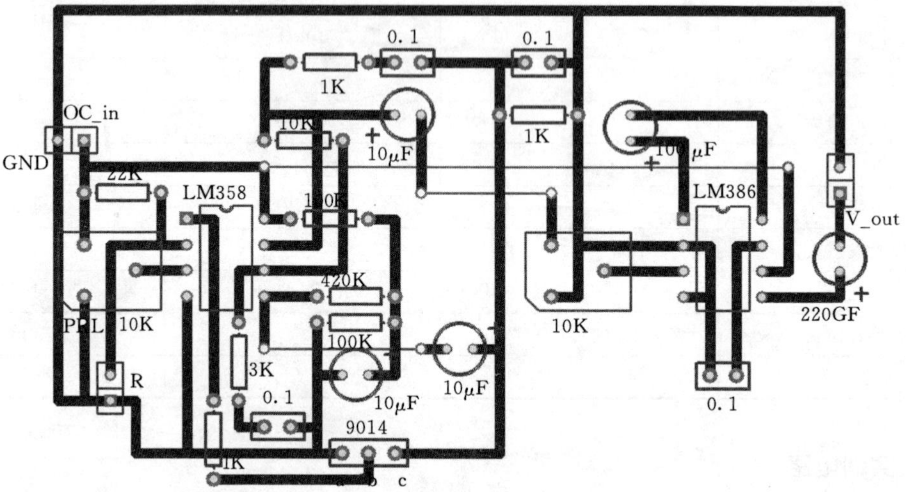

图 7.2　激光防盗报警接线图

（3）装上电池（接通电源），用示波器测试振荡电路是否正常；调节 R_{P2} 使扬声器有连续的声音输出。

（4）用第 3 章的激光传音电路的激光发射头照射光敏电阻 R，调节 R_{P1} 使扬声器没有声音输出。

（5）反复进行步骤（3）、（4），使电路实现一旦激光束被障碍物挡住，报警器就发出声音报警。

7.1.5　实训报告

（1）分析激光防盗报警原理。

（2）分析振荡信号产生原理。

（3）写出实验中注意事项及实验心得与体会。

7.2　正弦波发生电路

振荡电路是一种能量转换装置，它无需外加信号，就能自动地将直流电能装换成具有一定频率、一定幅度和一定波形的交流信号。振荡器有非常广泛的应用，尤其是正弦波振荡器，其输出波形是正弦波，可用作各种信号发生器、无线电接收机的本振电路、无线电发射机的载波发生器等。它在测量、通信、无线电技术、自动控制和热加工等领域有着广泛的应用。

7.2.1　正弦波发生电路的组成

正弦波发生电路主要由放大电路、选频电路和反馈网络三部分组成，如图 7.3 所示。

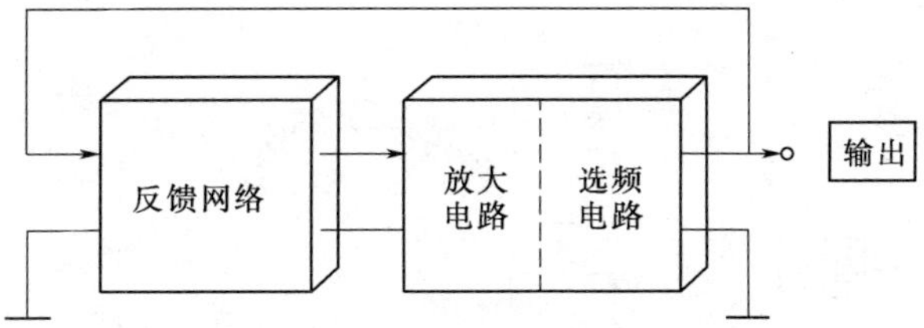

图 7.3 正弦波发生电路系统框图

(1) 放大电路。利用三极管的电流放大作用或者运算放大器使得电路具有足够大的放大倍数。

(2) 选频电路。正弦波发生电路仅对某个特定频率的信号产生谐振，从而保证了正弦波发生电路具有单一的工作频率。按选频电路组成元件的不同，可分为 RC 振荡电路、LC 振荡电路及石英晶体振荡电路等几种常见的类型。

(3) 反馈网络。将输出信号反馈到放大电路的输入端，作为输入信号，是电路产生自激振荡。

7.2.2 自激振荡的过程

当振荡电路接通直流电源的瞬间，电路受到扰动，在放大器的输入端将产生一个微弱的扰动电压 u_i，经放大器放大、选频后，通过正反馈网络回送到输入端，形成放大，选频，正反馈，再放大的过程，使输出信号的幅度逐渐增大，振荡便由小到大地建立起来。当振荡信号幅度达到一定数值时，由于三极管非线性区域的限制作用，使管子的放大作用削弱，即电路的放大倍数下降，振幅也就减小，最终使电路维持稳幅振荡。

7.2.3 自激振荡的条件

自激振荡的形成必须满足以下两个条件：

(1) 相位平衡条件。振荡电路中，反馈电压 u_f 与输入电压 u_i 应该相位相同，为正反馈，即 $\varphi_A+\varphi_F=2n\pi(n=0,1,2,\cdots)$。

(2) 幅值平衡条件。振荡电路中，反馈电压 u_f 与输入电压 u_i 必须大小相等，即必须有足够的反馈电压，此时 $AF=1$。

由自激振荡的过程可知，起振时应使 $u_f>u_i$，即 $AF>1$。

7.2.4 RC 正弦波发生电路

RC 振荡电路主要由 RC 选频反馈网络和放大器所组成，常见的类型有桥式振荡电路和移相式振荡电路，下面主要介绍 RC 桥式振荡电路的基本原理。

7.2.4.1 RC 串并联选频电路

RC 串并联选频电路如图 7.4 (a) 所示，由 R_2、C_2 并联后与 R_1、C_1 串联组成，一般取 $R_1=R_2=R$，$C_1=C_2=C$，其选频特性如图 7.4 (b) 所示，输入电压 V_i 的幅度一定时，输入信号频率变化会引起输出电压 V_o 幅度和相位都变化。

振荡频率为 $f=f_0=\dfrac{1}{2\pi RC}$时，F 达到最大，为 1/3，相位 $\varphi_F=0°$，因此该电路具有选频特性。

7.2.4.2 RC 正弦波振荡电路

(1) RC 正弦波振荡电路组成如图 7.5 所示。RC 正弦波振荡电路又称为文氏桥振荡电路，由同相放大器和具有选频作用的 RC 串并联正反馈网络组成。

(2) 振荡原理。RC 串并联选频网络组成正反馈回路，集成运放输出信号经选频网络

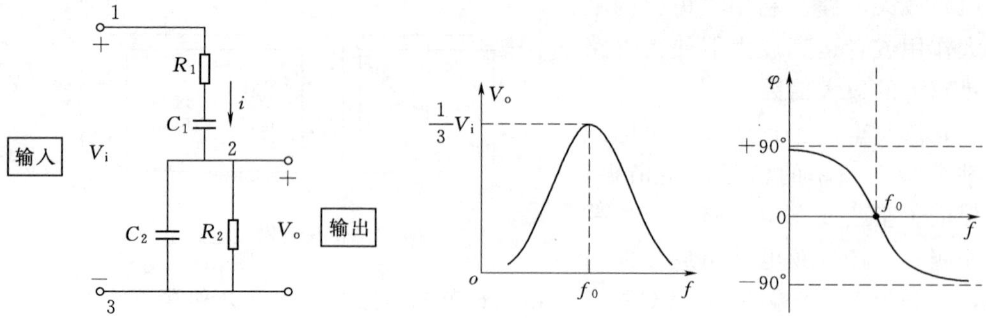

(a) 电路　　　　　　　　(b) 特性图

图 7.4　RC 串并联选频电路、选频特性图及相位特性图

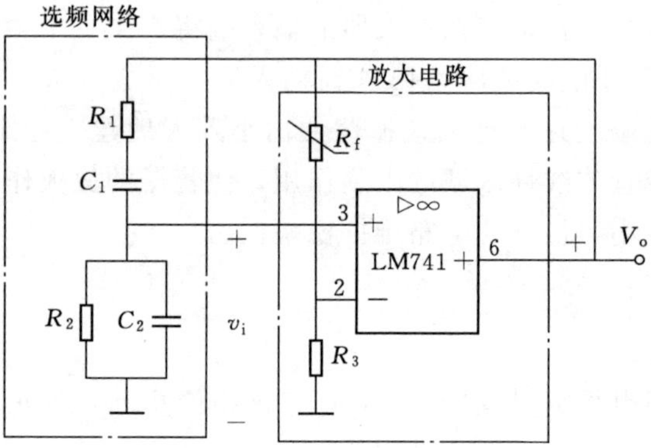

图 7.5　RC 正弦波振荡电路组成

选出频率为 $f=f_0=\frac{1}{2\pi RC}$的信号从同相端输入，形成正反馈，使之产生自激振荡。

R_1 和 R_2 组成负反馈回路，自动调节振荡输出信号趋于稳定。电路中运放组成的是同相比例放大电路，电压放大倍数 $A_u=1+\frac{R_f}{R_1}$，因为 $F=1/3$，根据起振条件 $AF>1$，A_u 应略大于 3，即 R_f 略大于 $2R_1$，电路就能起振。

7.2.5　LC 正弦波发生电路

LC 正弦波振荡电路是由放大器、LC 选频回路和反馈电路三部分组成。LC 正弦波振荡电路可分为变压器耦合式振荡电路和三点式振荡电路两大类。

7.2.5.1　变压器耦合 LC 振荡电路

1. 共发射极变压器耦合 LC 振荡电路

（1）电路元件作用。如图 7.6 所示，R_{b1}、R_{b2} 构成分压偏置电阻，R_e 是发射极直流负反馈电阻，C_1、C_e 是信号旁路电容，L_1、C 构成并联谐振回路作为选频网络，L_2 是反馈线圈。

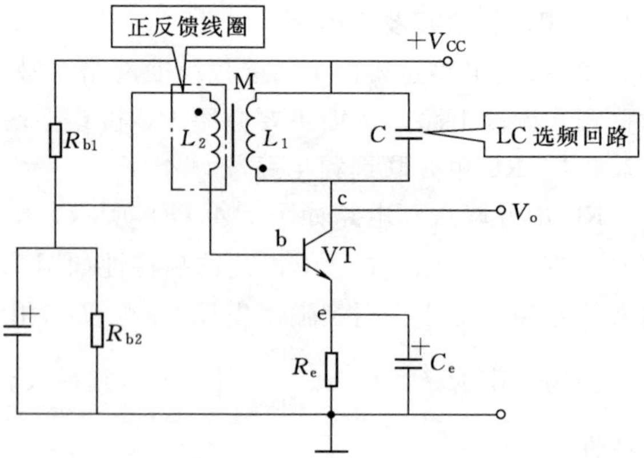

图 7.6　共发射极变压器耦合 LC 振荡电路

（2）振荡原理。开机瞬间产生的电扰动经三极管 VT 组成的放大器放大，然后 LC 选频回路从众多的频率中选出谐振频率 f_0，并通过线圈 L_1 和 L_2 之间的互感耦合把反馈信号正反馈至三极管基极。偏离 f_0 的其他频率的信号因有附加相移而不满足相位平衡相位条件。只要三极管的

电流放大倍数 β 及 L_1 和 L_2 的匝数比合适，满足振幅条件，就能振荡产生频率 f_0 的信号。

振荡频率 f_0 的计算公式为 $f_0 \approx \dfrac{1}{2\pi\sqrt{LC}}$。

（3）电路特点。共发射极变压器耦合振荡电路的功率增益高，容易起振。但由于共发射极电流放大倍数 β 随工作频率的增高而急剧降低，故其振荡幅度很容易受到振荡频率大小的影响，因此常用于固定频率的振荡电路。

2. 共基极变压器耦合式 LC 振荡电路

（1）电路分析。图 7.7 是共基极变压器耦合式 LC 振荡电路。L_1 是负载线圈，通过变压器 L_1 和 L_2 之间的互感作用，正 L_2 上产生感应电动势，L2C 选频网络进行选频，L_2 线圈 2 端、3 端的反馈电压加到晶体管的发射极与地（基极）使之产生振荡。

正反馈量的大小可以通过调节 L_2 的匝数或两个线圈之间的距离来改变。调整可变电容 C 可调节振荡频率 f_0。

（2）电路特点。共基极变压器耦合式振荡电路的振荡频率调节方便，波形较好，常用于收音机的本机振荡电路。

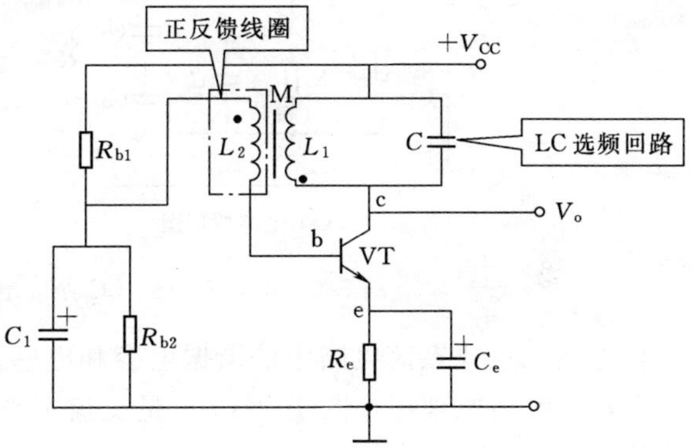

图 7.7　共基极变压器耦合式 LC 振荡电路

7.2.5.2　电感三点式 LC 振荡电路

（1）电路分析。图 7.8（a）是电路原理图，图 7.8（b）是它的交流通路，三极管的三个极分别与电感之路的三个点 1、2、3 相连接，电感三点式振荡电路由此得名。LC 网络能够实现选频，从电感线圈 L_2 两端取出正反馈电压 V_f 加到晶体管输入端。图中 C_1 是隔直流、耦合正反馈信号的电容，C_e 是射极旁路电容。

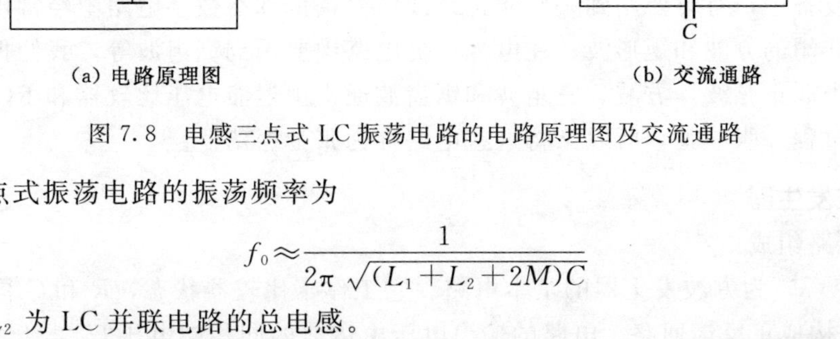

(a) 电路原理图　　(b) 交流通路

图 7.8　电感三点式 LC 振荡电路的电路原理图及交流通路

电感三点式振荡电路的振荡频率为

$$f_0 \approx \frac{1}{2\pi\sqrt{(L_1+L_2+2M)C}}$$

式中，L_1、L_2 为 LC 并联电路的总电感。

设 L_1 和 L_2 的互感系数为 M，则 $L=L_1+L_2+2M$，即 f_0 通常为几十兆赫以下。

（2）电路特点。电感三点式电路容易振荡，调节频率方便；工作频率可以做得很高，可以到达几十兆赫兹，但是输出波形中有高次谐波，波形较差。

7.2.5.3　电容三点式 LC 振荡电路

（1）电路分析。电容三点式 LC 振荡电路如图 7.9 所示。

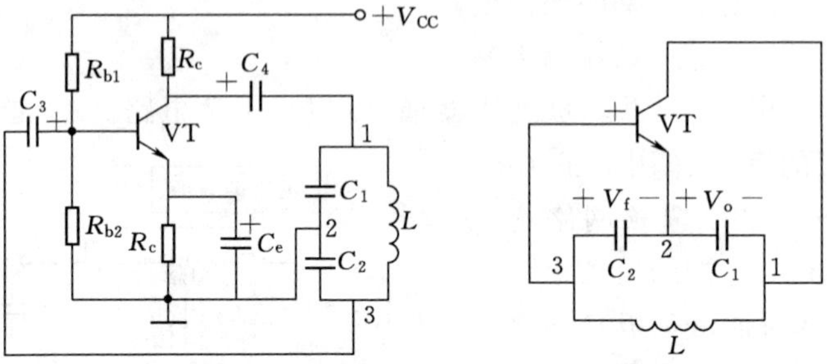

(a) 电路原理图　　　(b) 交流通路

图 7.9　电容三点式 LC 振荡电路原理图及交流通路

将电感三点式振荡电路中的谐振电容和电感互换，就构成了电容三点式振荡电路，图 7.9（a）是电路原理图，图 7.9（b）是交流通路，三极管的三个极与电容之路的三个点相连接，电容三点式由此得名。

L 和 C_1、C_2 组成振荡选频网络，利用 C_1 和 C_2 串联分压，将 C_2 上的信号正反馈到放大器的输入端。

电容三点式振荡电路的振荡频率为

$$f_0 \approx \frac{1}{2\pi\sqrt{L\dfrac{C_1C_2}{C_1+C_2}}}$$

（2）电路特点。电容三点式振荡电路的振荡频率较高，可达 100MHz 以上，输出波形也较好。但频率调节不方便，调节范围较小，因此常用于要求调频范围不宽的高频振荡电路。

7.3　非正弦波发生电路

在电子设备中，有时要用到一些非正弦波信号，例如在数字电路中经常用到上升沿和下降沿都很陡峭的方波和矩形波；在电视扫描电路中要用到锯齿波等，我们把正弦波以外的波形统称为非正弦波。方波、三角波和锯齿波通常由迟滞电压比较器和 RC 充放电电路组成，工作过程一张一弛，所以又将这些电路称为张弛振荡器。

7.3.1　方波发生器

7.3.1.1　电路组成

图 7.10（a）为方波发生器的基本电路。它工作于比较器状态，R 和 C 构成负反馈回路，R_1、R_2 构成正反馈回路。电路的输出电压由运放的同相端电压 U_P 与反相端电压 U_N

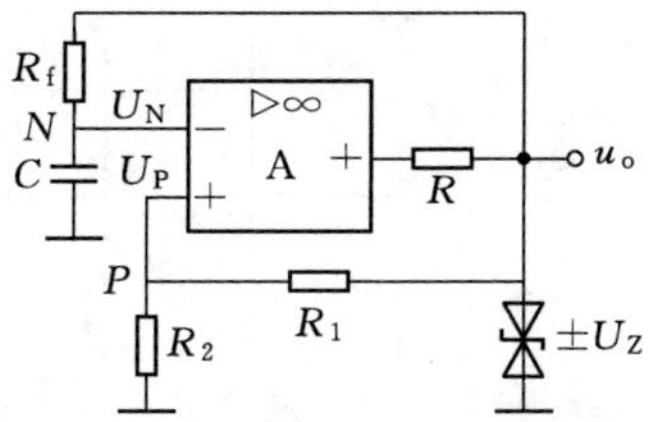

(a) 基本电路

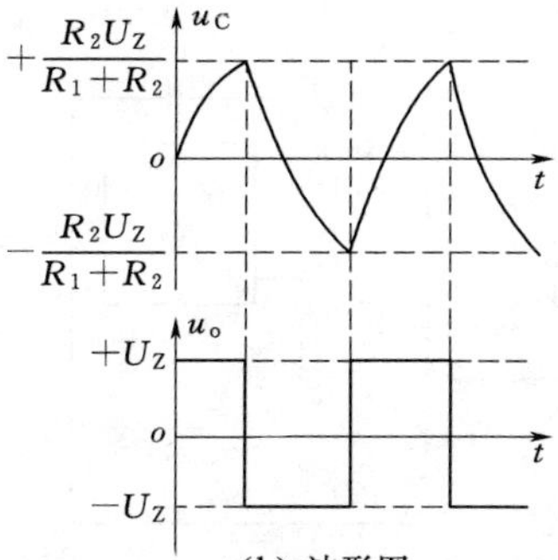

(b) 波形图

图 7.10 方波发生器的基本电路及波形图

比较决定。

7.3.1.2 电路工作原理

假设电容的初始电压为 0，因而 $U_N=0$；电源刚接通时，由于电路中的电流由零突然增大，产生了电冲击，在同相端获得一个最初的输入电压。因为电路中有强烈的正反馈回路，使输出电压迅速升到最大值 $+U_Z$。

此时同相输入端的比较电压为

$$U_{P1}=\frac{R_2}{R_1+R_2}(-U_Z)$$

与此同时，输出电压 $+U_Z$ 通过电阻 R_f 向电容 C 充电，使电容上的电压 U_C 逐渐上升。

当 U_C 稍大于比较电压 U_{P1} 时，电路发生翻转，输出电压迅速由 $+U_Z$ 跳变为 $-U_Z$。同相端的比较电压也随之变为

$$U_{P2}=\frac{R_2}{R_1+R_2}U_Z$$

因为负反馈电阻 R 上的电压为左正右负，所以电路翻转后，电容 C 就开始经 R 放电，U_C 逐渐下降。U_C 降至零后由于输出端为负电压，所以电容 C 开始反向充电，U_C 继续下降，当 U_C 下降到稍低于同相端的比较电压 U_{P2} 时，电路又发生翻转，输出电压由 $-U_Z$ 迅速变成 $+U_Z$。输出电压变成 $+U_Z$ 后，电容又反过来充电，如此充电、放电循环不止，在电路的输出端即产生了稳定的方波电压。RC 的乘积越大，充放电时间就越长，方波的频率就越低。图 7.10（b）为振荡器输出方波的波形图。

方波信号的周期为

$$T=2RC\ln\left(1+2\frac{R_2}{R_1}\right)$$

7.3.2 三角波发生器

7.3.2.1 电路组成

图 7.11（a）为方波-三角波信号发生器的电路图。运放 A_1 构成过零电压比较器，其反相输入端接地，同相输入端信号由本级的输出和运放 A_2 构成的积分器输出电压共同决定。

7.3.2.2 工作原理

A_1 的同相输入端电压 u_P 由电位叠加原理可求出：

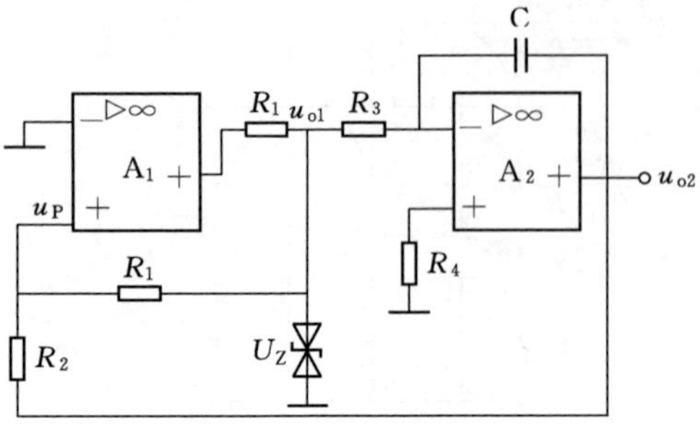

(a) 电路图

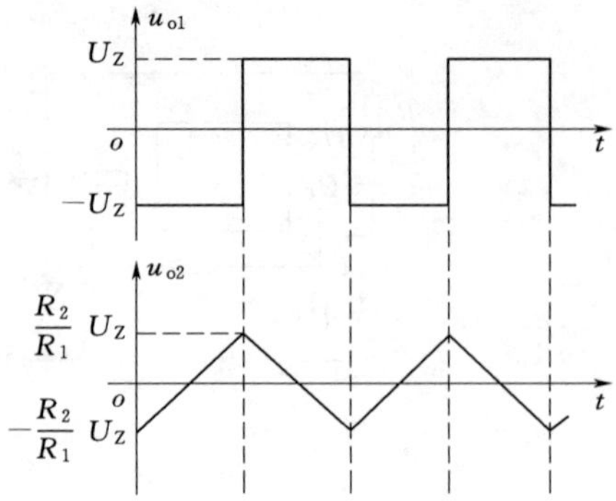

(b) 波形图

图 7.11　方波-三角波信号发生器

$$u_P=u_{o1}\frac{R_2}{R_1+R_2}+u_{o2}\frac{R_1}{R_1+R_2}$$

当 u_P 大于零时，$u_{o1}=+U_Z$；当 u_P 小于零时，$u_{o1}=-U_Z$。

在电路接通电源的瞬间，设 A_1 的同相输入端电压 u_P 为负值，则 $u_{o1}=U_Z$，电容 C 被反向充电，积分器 A_2 的输出电压 u_{o2} 从零开始线性上升。经 R_2 反馈后，A_1 的同相输入端电压 u_P 由负值渐渐上升。当 u_{o2} 达到某值正好使 u_P 由负值升到稍大于零时，过零电压比较器 A_1 输出翻转，使 u_{o1} 迅速跳变到 $+U_Z$。此时 u_P 的值可由式（7.1）求出：

$$u_P=-U_Z\frac{R_2}{R_1+R_2}+u_{o2}\frac{R_1}{R_1+R_2}=0 \tag{7.1}$$

所以

$$u_{o2}=\frac{R_2}{R_1}U_Z \tag{7.2}$$

式（7.2）表明，当 u_{o2} 上升到 $\frac{R_2}{R_1}U_Z$ 时，电压比较器 A_1 发生翻转，u_{o1} 由 $-U_Z$ 变成 $+U_Z$。当然，此时 u_P 的值也随之突变为正值。u_{o1} 变成正值（$+U_Z$）后，积分器的输出电压 u_{o2} 开始线性下降，A_1 同相端的电压 u_P 也逐渐下降。当 u_{o2} 降至正好使 u_P 由正值降至稍小于零时，电压比较器 A_1 又发生翻转，u_{o2} 迅速由 $+U_Z$ 跳变成 $-U_Z$。

电压比较器再次翻转到 $-U_Z$ 时的 u_P 值为

$$u_P=U_Z\frac{R_2}{R_1+R_2}+u_{o2}\frac{R_1}{R_1+R_2}=0 \tag{7.3}$$

由式（7.3）可求出

$$U_{o2}=-\frac{R_2}{R_1}U_Z \tag{7.4}$$

式（7.4）表明，当 u_{o2} 下降至 $-\frac{R_2}{R_1}U_Z$ 时，电压比较器又开始翻转，u_{o1} 从 $+U_Z$ 变成 $-U_Z$。

电路的工作波形如图 7.11（b）所示。在 A_1 的输出端可以得到方波，在 A_2 的输出端可以得到三角波。方波的幅值为 U_Z，三角波的幅值为 $\frac{R_2}{R_1}U_Z$：可得方波和三角波信号的周期为

$$T=4\frac{R_2}{R_1}R_3C$$

7.3.3 锯齿波发生器

如果三角波是不对称的，即上升时间不等于下降时间，则成为锯齿波。图 7.12（a）为矩形波-锯齿波信号发生器的电路图。图中 A_2 构成的积分器有两条积分支路：$VD_1 \to R_3 \to C$ 与 $VD_2 \to R_4 \to C$。

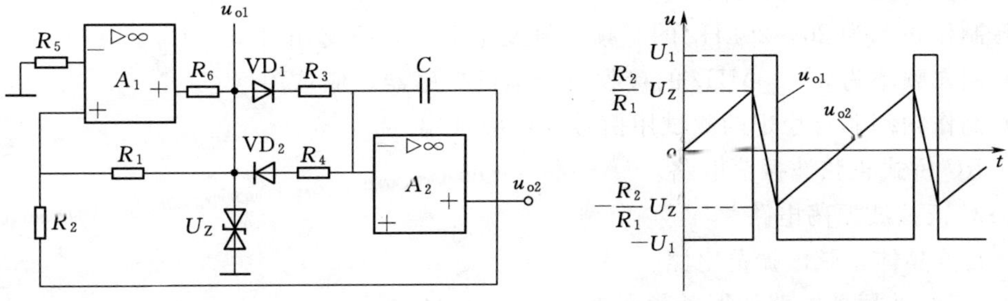

（a）电路图　　　　（b）波形图

图 7.12　矩形波-锯齿波发生电路

当 u_{o1} 的输出为正电压时，电容 C 通过二极管 VD_1 及电阻 R_3 正向充电，当 u_{o1} 的输出为负电压时，电容 C 通过 VD_2 及 R_4 反向充电。如果 $R_3 < R_4$，则三角波的下降时间小于上升时间，形成了锯齿波。图 7.12（b）为矩形波-锯齿波发生器的波形图。

小　　结

（1）产生自激振荡必须满足相位平衡条件和幅值平衡条件：

$$\varphi_A + \varphi_F = 2n\pi \quad (n=0,1,2\cdots)$$

$$|AF| = 1$$

（2）按照选频网络的不同，正弦波振荡电路主要有 RC 和 LC 振荡电路，通过改变选频网络的参数就可以改变振荡的频率。

（3）RC 振荡电路的振荡频率 $f_0 = \frac{1}{2\pi RC}$，通常作为低频信号发生器。

（4）LC 振荡电路有变压器反馈式、电感三点式和电容三点式三种，振荡频率 $f_0 \approx \frac{1}{2\pi\sqrt{LC}}$，通常用作高频信号发生器。

（5）方波发生器是由 RC 充放电支路与迟滞电压比较器组成，三角波是在方波的基础上加上积分器来产生，通过电路使三角波上升时间不等于下降时间，就形成了锯齿波。

练　习　题

1. 填空题

（1）一个实际的正弦波振荡电路主要由________、________和________三部分组成。为了保证振荡幅值稳定且波形较好，常常还需要________环节。

（2）正弦波振荡电路利用正反馈产生振荡的条件是________，其中相位平衡条件是________，幅值平衡条件是________。为使振荡电路起振，其条件是________。

（3）产生低频正弦波一般可用________振荡电路；产生高频正弦波可用________振荡电路；要求频率稳定性很高，则可用________振荡电路。

2. 选择题

（1）选择合适答案填入括号内：

1）制作频率为 20～20kHz 的音频信号发生电路，应选用（　　）。

2）制作频率为 2～20MHz 的接收机的本机振荡器，应选用（　　）。

3）制作频率非常稳定的测试用信号源，应选用（　　）。

A. RC 桥式正弦波振荡电路

B. LC 正弦波振荡电路

C. 石英晶体正弦波振荡电路

（2）正弦波振荡电路的振荡频率由（　　）决定。

A. 基本放大电路　　　　B. 反馈网络　　　　C. 选频网络

3. 计算分析题

（1）分析图 7.13 所示电路是否满足相位条件。如能振荡，求出振荡频率。

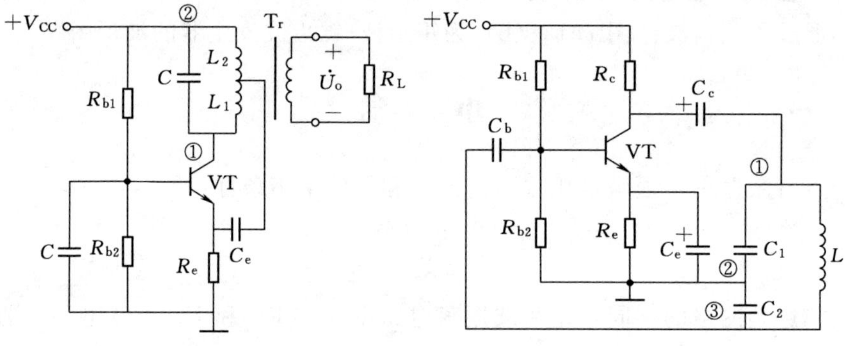

（a）　　　　　　　　　　　　（b）

图 7.13　题 3（1）图

（2）电路如图 7.14 所示，试求：

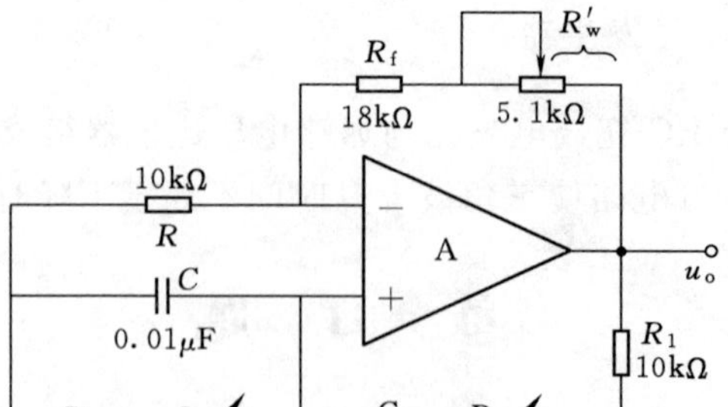

图 7.14　题 3（2）图

1）R_W 的下限值。

2）振荡频率的调节范围。

（3）在图 7.15 所示电路中，连线使之成为正弦波振荡电路。

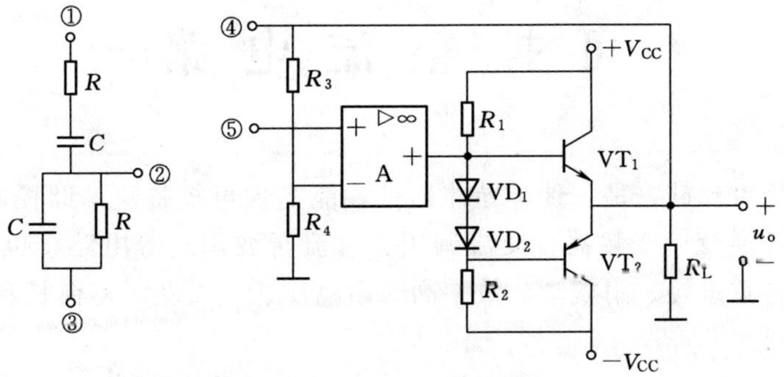

图 7.15　题 3（3）图

第 8 章

可 控 整 流 电 路

晶闸管又称为可控硅，是一种半导体器件，能实现可控整流，即控制直流电的大小，同时也可用于有源逆变、变频器、交流调压、直流斩波调压等电路，也可用作无触头开关，具有体积小、重量轻、耐震动、效率高、耐高压、无火花、寿命长和控制性能好等优点，应用十分广泛。

能力目标：

（1）熟悉晶闸管、单结晶体管的外形及特性；熟悉双向晶闸管、可关断晶闸管、光控晶闸管的功能。

（2）熟悉晶闸管构成的单相、三相可控整流电路的结构。

（3）熟悉单结晶体管构成的触发电路的结构。

（4）能够制作调光台灯。

知识目标：

（1）了解晶闸管、单结晶体管的结构、符号、工作原理；了解双向晶闸管、可关断晶闸管、光控晶闸管的符号。

（2）掌握晶闸管构成的单相、三相可控整流电路的工作原理、工作波形；掌握输出电压及输出电流的计算。

（3）掌握单结晶体管及其构成的触发电路的工作原理。

8.1 晶闸管调光台灯制作

8.1.1 实训目的

通过晶闸管调光台灯的制作，了解晶闸管触发电路的工作原理及制作方法，掌握晶闸管、双向触发二极管等电子元器件的简易测试方法。

8.1.2 实训器材

本实训所用到的元件及工具见表 8.1。

表 8.1　　元 件 工 具 表

名　称	代　号	规　格	数　量
台灯＋座	R_L	25W	1
双向可控硅	VTH_1	BT136－600	1
双向触发二极管	VTH_2	DB3	1

续表

名　称	代　号	规　格	数　量
调光电位器	R_P	470kΩ	1
电容	C_1、C_2	0.22μF/160V	2
电阻	R_2	68kΩ	1
电阻	R_3	47kΩ	1
电阻	R_1	1.5kΩ	1
万能板		5cm×7cm	1
插针			3
万用表			1
电烙铁		25W	1
焊锡、松香			若干
连接导线			若干

8.1.3 实训电路

晶闸管调光台灯电路图，如图 8.1 所示。接通电源，当调节电位器 R_P 时，RC 移相电路和双向触发二极管 VTH_2 改变双向可控硅 VTH_1 每个电流周期的导通时间，从而改变流过台灯的电流，改变台灯的亮度，负载电压可从零伏开始调起，即灯光可从全暗逐渐调亮。

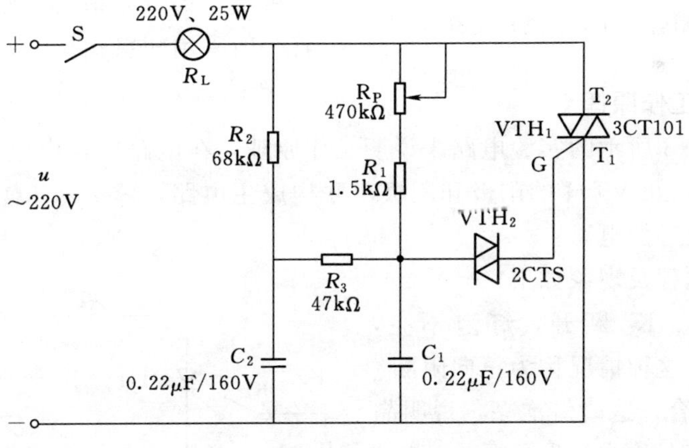

图 8.1 晶闸管调光台灯电路

8.1.4 实训步骤

（1）调整仪器仪表，检测各元器件的质量。

（2）按图 8.1 的电路图正确焊接元器件及线路。

（3）检查元器件及线路焊接正确无误后，接通 220V 电源，调节电位器 R_P，观察灯泡从全暗到逐渐调亮的过程。

8.1.5 实训报告

（1）描述晶闸管调光台灯电路的结构。

（2）分析电路的工作原理。

（3）描述实训现象。

8.2 晶　闸　管

8.2.1　晶闸管的结构和符号

晶闸管是一种大功率半导体器件，具有四层三端的结构，是由四层半导体排列成的 P-N-P-N 的结构，有三个 PN 结和三个电极：阳极 A、阴极 K 和控制极 G（也称为门极），各电极位置如图 8.2 所示。

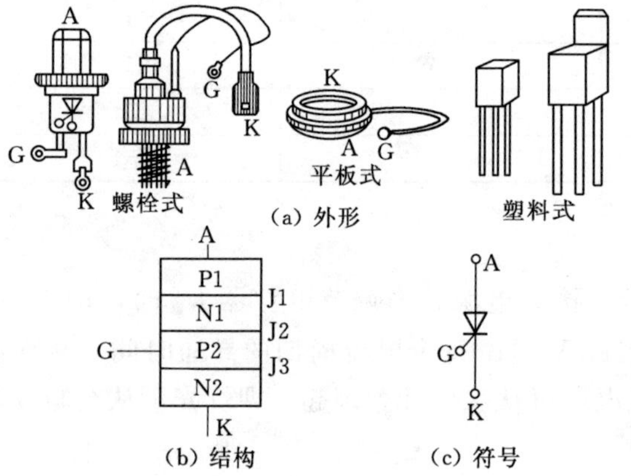

图 8.2　晶闸管的外形、结构及符号

常用的晶闸管有螺栓式、平板式和塑料式，如图 8.2（a）所示。晶闸管在工作过程中会因损耗而发热，因此使用时必须安装散热器。螺栓式晶闸管的螺栓为阳极 A，较粗的引线为阴极 K，第三端为门极 G。平板式晶闸管上下是阴阳两极，夹在两片散热器之间，由一根细线引出门极。通常，中小容量的晶闸管大都采用螺栓式，特点是安装和更换较方便；大容量多采用平板式，特点是散热性能好；小功率晶闸管一般采用塑料式。

8.2.2　晶闸管的工作原理

我们通过图 8.3 所示的实验电路来说明工作原理，在电路中，由电源 V_{CC1}、R_P、K_1、200Ω 电阻、灯泡以及 VTH 的阳极和阴极串联构成主电路，V_{CC2}、1kΩ 电阻、K_2、VTH 的门极和阴极组成触发电路。

实验的操作过程及现象如下：

（1）K_1 闭合、K_2 断开，灯泡不亮，即晶闸管不导通，这种情况称为正向阻断。

（2）把 K_2 闭合，这时灯泡亮，说明晶闸管导通，这种情况称为触发导通。

（3）灯泡亮后，把开关 K_2 断开，灯泡仍亮，晶闸管仍然导通，这种情况称为维持导通。

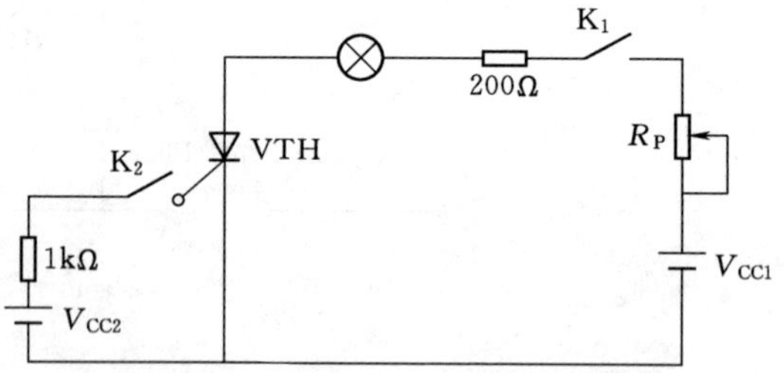

图 8.3　晶闸管实验电路图

（4）调节电位器 R_P 逐渐增大，电流逐渐减小，这时灯泡亮度变暗，当电流减小到一定数值时，灯泡熄灭，晶闸管不导通，这种情况称为关断。维持晶闸管导通的最小电流称为维持电流 I_H。

（5）当改变电源 V_{CC1} 的方向，使晶闸管阳极与阴极之间承受反向电压，无论开关 K_2 是断开还是闭合，灯泡都不会亮，说明晶闸管都不会导通，这种情况称为反向阻断。

从实验中可以看出晶闸管由阻断到导通必须同时具备两个条件：①晶闸管阳极与阴极之间加正向电压；②门极与阴极之间加入正向触发电压。晶闸管导通后，门极即失去作用。要使晶闸管从导通到关断，可减小阳极电流，使之小于维持电流或使阳极与阴极之间的电压反向。

8.2.3 晶闸管的伏安特性

晶闸管阳极电压 U_{AK} 和阳极电流 I_A 的关系称为晶闸管的伏安特性，用图 8.4 的实验曲线来表示，包括两方面：

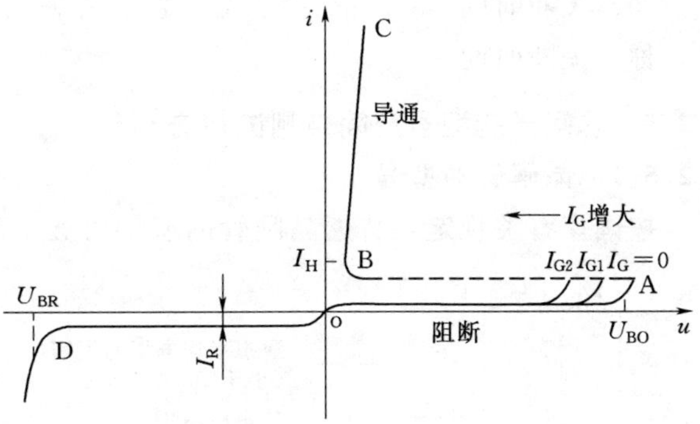

图 8.4 晶闸管的伏安特性图

(1) 正向特性。当阳极加正向电压 U_{AK}，控制极不加信号，即 $I_G=0$ 时，晶闸管呈正向阻断状态（图 8.4 中的 OA 段）。增大正向阳极电压 U_{AK} 至正向转折电压 U_{BO} 时，正向导通电压迅速下降，出现了负阻特性（图 8.4 中的 AB 段）。此时晶闸管由正向阻断状态突变为正向导通状态。这种在 $I_G=0$ 时，不是由控制极控制的导通而是依靠大阳极电压强迫晶闸管导通的方式称为“硬开通”。晶闸管使用中应避免“硬开通”的产生，因为多次的“硬开通”会损坏晶闸管。

若阳极加正向电压 U_{AK}，同时控制极加上触发信号 I_G，晶闸管被触发导通。导通后的正向特性如图 8.4 中 BC 段所示，这时，通过晶闸管的电流很大，而导通压降很小，约为 1V 左右。

(2) 反向特性。当晶闸管加反向电压后，处于反向阻断状态，如图 8.4 中 OD 段所示。当反向电压增大到反向击穿电压 U_{BR} 时，晶闸管被击穿，反向电流急剧增加，会造成晶闸管的永久性损坏.

8.2.4 晶闸管的主要参数

(1) 正向阻断重复峰值电压 U_{DRM}。在门极断开和晶闸管正向阻断的情况下，允许重复加到晶闸管阳极与阴极之间的正向峰值电压，称为正向阻断峰值电压。

(2) 反向阻重复断峰值电压 U_{RRM}。在门极断开和晶闸管反向阻断的情况下，允许重复加到晶闸管阳极与阴极之间的反向峰值电压，称为反向阻断峰值电压。

(3) 正向平均电流 I_F。在环境温度小于 40℃ 和标准散热条件下，允许连续通过晶闸管阳极的工频正弦半波电流的平均值，称为正向平均电流 I_F。通常所说多少安的晶闸管就是指这个电流，有时也称额定通态平均电流。

(4) 维持电流 I_H。在规定的环境温度和门极断开的情况下，维持晶闸管继续导通所需要的最小阳极电流称为维持电流。

(5) 通态平均电压 $U_{T(AV)}$。在规定的环境温度和标准的散热条件下，晶闸管正向导通并通过额定电流时，阳极与阴极之间管压降的平均值称为通态平均电压。

(6) 门极触发电压 U_{GT}。晶闸管的阳极与阴极之间加正向电压时，使晶闸管从截止变为导通所需的最小门极直流电压，称为门极触发电压 U_{GT}。

(7) 门极触发电流 I_{GT}。晶闸管的阳极与阴极之间加正向电压时，使晶闸管从截止变为导通所需的最小门极直流电流，称为门极触发电流 I_{GT}。

(8) 开通时间 t_{ON}。晶闸管从阻断进入导通状态所需的时间，称为开通时间。

(9) 关断时间 t_{OFF}。晶闸管从开通重新进入阻断状态，直到门极恢复控制所需的时间，称为关断时间。

8.2.5　晶闸管的型号及简单测试方法

8.2.5.1　晶闸管的型号

按国家有关规定，普通晶闸管的型号由五个部分组成，含义如图 8.5 所示。

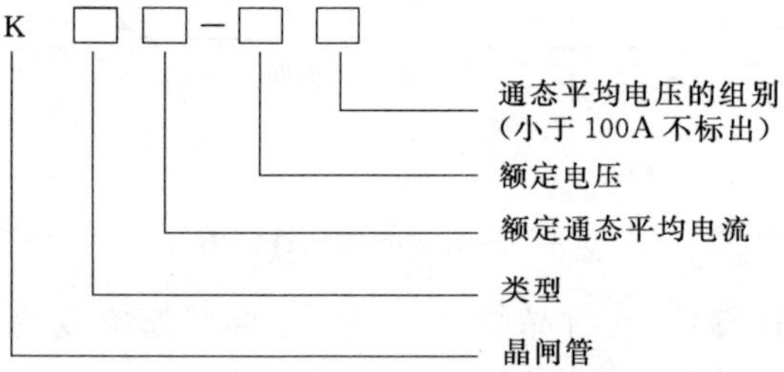

图 8.5　晶闸管型号的含义

第一部分字母 K 表示晶闸管。

第二部分字母 P 表示普通型，除了普通型，还有 K 表示快速型，S 表示双向型，G 表示可关断型等。

第三部分表示额定通态平均电流。标称值有 1A、5A、10A、20A、30A、50A、100A、200A、300A、400A、500A、600A、900A、1000A 等 14 种规格。

第四部分表示额定电压。1000V 以下的，每 100V 为一级；1000～3000V 的每 200V 为一级，用百位数或千位及百位数组合表示级数。

第五部分表示通态平均电压。分为 9 级，用 A～I 各字母表示 0.4～1.2V 的范围，每隔 0.1V 为一级（额定电流小于 100A 的不标）。

例如，KP5 - 7A 表示普通型晶闸管，额定电流为 5A，额定电压为 7 级，即 700V，通态平均电压为 A 级，即 0.4V。

8.2.5.2　测试方法

使用万用表可以粗测晶闸管好坏。将万用表调至 $R\times1\text{k}\Omega$ 挡，分别测量晶闸管阳极与阴极之间的正向电阻和反向电阻，这两个电阻均很大，在几百千欧以上且相差很小；用 $R\times10\Omega$ 或 $R\times100\Omega$ 测量门极和阴极之间的阻值，正向阻值应小于或接近于反向电阻，这样的晶闸管是好的。如果测得晶闸管阳极与阴极、阳极与门极间有短路或阴极与门极间短路或断路，则晶闸管是坏的。

8.2.6　其他晶闸管

8.2.6.1　双向晶闸管

双向晶闸管是在普通晶闸管的基础上发展起来的，可以看成两个方向相反的晶闸管并联制作在一块硅晶体上，与普通晶闸管一样，有塑料封装型、螺栓型和平板压接型等几种不同的结构。塑料封装型元件的电流容量只有几安培，螺栓式电流容量为几十安培，大功率双向晶闸管都是平板压接型结构。

双向晶闸管的结构及符号如图 8.6 所示。有三个电极，A_1、A_2 统称为主电极，G 为门极。双向晶闸管在门极 G 和主电极 A_2 之间加上正向或反向触发信号可使晶闸管的两个方向都能控制导通。

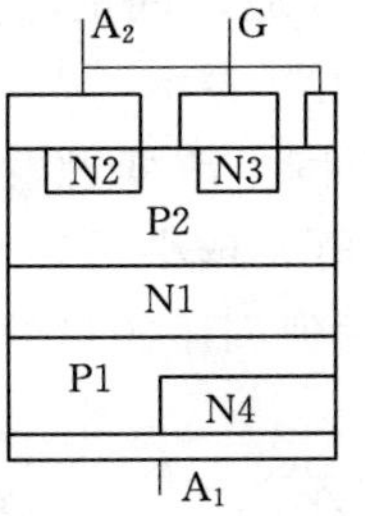

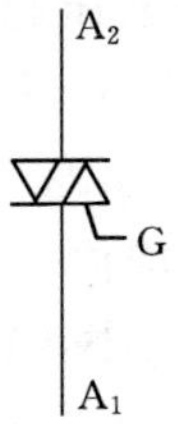

图 8.6 双向晶闸管的结构与符号

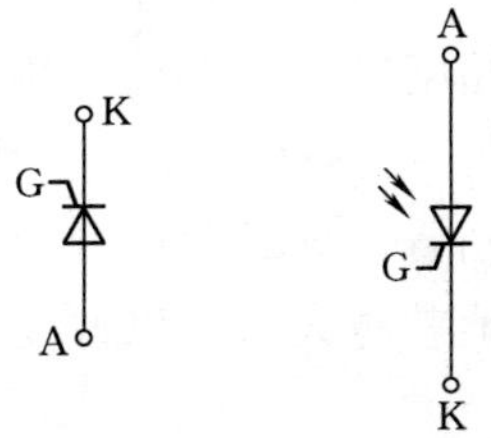

(a) 可关断晶闸管 (b) 光控晶闸管

图 8.7 可关断晶闸管和光控晶闸管

8.2.6.2 门极关断晶闸管

普通单、双向晶闸管一旦触发导通后，门极就失去控制作用，不能控制晶闸管再关断。门极关断晶闸管可在门极施加正脉冲使晶闸管触发导通，而施加负脉冲可关断晶闸管，如图 8.7（a）所示。

8.2.6.3 光控晶闸管

光控晶闸管是利用光来触发晶闸管导通的。由于光控晶闸管的控制信号是光，主电路和触发电路可以在电气上完全隔离，可在强电磁干扰的场合中使用，如图 8.7（b）所示。

8.3 单相可控整流电路

把交流电变换成大小可调的单一方向直流电的过程称为可控整流。可控整流是晶闸管最基本的应用之一，广泛应用于工业生产中，如调压调速直流电源、电解及电镀用的直流电源等。单相可控整流电路因其具有电路简单、投资少和制造、调试、维修方便等优点，一般较多应用于 4kW 以下容量的可控整流装置。

8.3.1 单相半波可控整流电路

8.3.1.1 电路组成及工作原理

用晶闸管代替单相半波整流电路中的二极管就构成了单相半波可控整流电路，电路图如图 8.8（a）所示。电路由晶闸管 VTH、负载 R_d 和单相变压器 T 组成，变压器 T 将一次侧电压 u_1 变成与负载相适应的二次侧电压 u_2，u_g 为晶闸管门极上的脉冲电压，u_T 表示晶闸管两端电压的瞬时值，u_d 表示负载两端电压的瞬时值。由于晶闸管导通后，管压降很小，约为 1V 左右，与 u_2 的大小相比可以忽略。设 $u_2=U_2\sin\omega t$，下面分析电路的工作原理：

（1）当输入为 u_2 的正半周时，晶闸管承受正向电压，但在门极未加触发脉冲，因此晶闸管是不导通的，负载 R_d 没有电流流过，两端电压为零，晶闸管承受 u_2 全部电压。

（2）当触发脉冲加到晶闸管的门极后，晶闸管导通，负载两端电压与 u_2 相似，并有波形相似的电流流过。

（3）当交流电压 u_2 过零值时，晶闸管承受反向电压，自行关断，无论门极是否加触发电压，晶闸管均不会导通，呈反向阻断状态，输出电压为零。

u_2 的下一个周期将重复上述过程。波形图如图 8.8（b）所示。

在单相可控整流电路中，晶闸管从承受正向电压起到触发导通之间的电角度叫控制角，用 α 表示。晶闸管在一个周期内导通的电角度叫导通角，用 θ 表示，$\theta=\pi-\alpha$，控制角 α 越小，导通角 θ 就越大，α 的变化范围为 $0\sim\pi$，称为移相范围。改变触发脉冲加入时刻就可以控制晶闸管的导通角以及负载上电压平均值，即控制角 α 越小，导通角 θ 越大，负载电压的平均值就越大。所以改变控制角 α 的大小，就可以达到调压的目的。

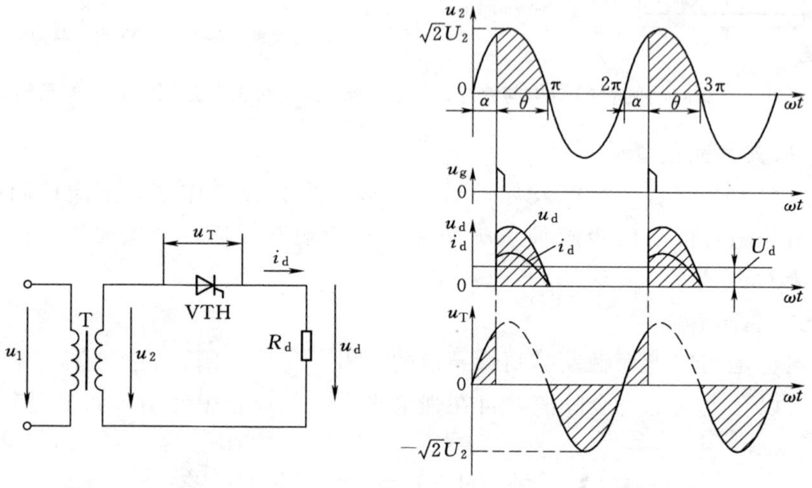

(a) 电路图　　(b) 波形图

图 8.8　单相半波可控整流

8.3.1.2　电量计算

输出电压 U_d 平均值的计算式为

$$U_d=\frac{1}{2\pi}\int_{\alpha}^{\pi}\sqrt{2}U_2\sin(\omega t)\mathrm{d}(\omega t)$$

$$=\frac{\sqrt{2}}{2\pi}U_2(1+\cos\alpha)$$

$$=0.45U_2\ \frac{1+\cos\alpha}{2} \tag{8.1}$$

当 $\alpha=0$ 时，晶闸管全导通，输出的电压平均值达到最大，$U_d=0.45U_2$；当 $\alpha=\pi$ 时，晶闸管全阻断，输出的电压平均值达到最小，$U_d=0$。移相范围为 $0\sim\pi$。

电路中负载为电阻性，因此电流的平均值为

$$I_d=\frac{U_d}{R_d}=0.45U_2\ \frac{1+\cos\alpha}{2R_d} \tag{8.2}$$

流过晶闸管平均电流和负载电流的一样：

$$I_v=I_d \tag{8.3}$$

晶闸管上所承受的最高正反向电压均为

$$U_{DM}=\sqrt{2}U_2 \tag{8.4}$$

在选择晶闸管时，要保留一定的安全裕量，其额定电压应取其峰值电压的 2～3 倍。

【例 8.1】 单相半波可控整流电路，交流输入电压为 220V，负载的阻值为 30Ω，当控制角 $\alpha=60°$时，求负载两端的电压平均值 U_d、流过晶闸管的电流的平均值 I_v、导通角 θ 以及晶闸管承受的峰值电压。

解：

$$U_d=0.45U_2\frac{1+\cos\alpha}{2}=0.45\times220\times\frac{1+\cos60°}{2}=74.25(\text{V})$$

流过晶闸管电流平均值为

$$I_v=I_d=\frac{U_d}{R_d}=\frac{74.25}{30}=2.48(\text{A})$$

导通角： $\theta=\pi-\alpha=180°-60°=120°$

晶闸管承受的峰值电压为

$$U_{DM}=\sqrt{2}U_2=\sqrt{2}\times220=311(\text{V})$$

8.3.2 单相桥式半控整流电路

单相桥式可控整流电路有全控和半控两种。全控是指整流桥中的四个整流管都采用晶闸管；半控是指整流桥中的整流管为两个晶闸管和两个二极管。交流电的正、负半周各有一个晶闸管可控。半控电路需要的晶闸管数量少，触发控制电路简单，在单相桥式可控整流电路的实际使用中，通常都采用半控电路。

8.3.2.1 电路组成及工作原理

单相半控桥式整流电路的电路图如图 8.9（a）所示。将单相桥式整流电路中的整流桥上部两个二极管换成晶闸管，即成为单相桥式半控整流电路。设 $u_2=U_2\sin\omega t$，下面分析电路的工作原理：

（1）在 u_2 的正半周时，变压器上端电压为正，下端电压为负，只有晶闸管 VTH_1 和二极管 VD_2 承受正向电压。触发脉冲到来之前，晶闸管 VTH_1 处于正向阻断状态，输出电压为 0。

（2）当 $\omega t=\alpha$ 时刻给晶闸管门极加上触发脉冲，VTH_1 导通，这时，电流从变压器上端→VTH_1→R_d→VD_2→变压器下端。

（3）当电源电压 u_2 过零时，晶闸管 VTH_1 阻断。在 u_2 的负半周时，变压器下端电压为正，上端电压为负，只有晶闸管 VTH_2 和二极管 VD_1 承受正向电压。触发脉冲到来之前 VTH_2 处于正向阻断状态，输出电压为 0。

（4）当 $\omega t=\pi+\alpha$ 时刻给晶闸管门极加上触发脉冲，VTH_2 导通，这时，电流从变压器下端→VTH_2→R_d→VD_1→变压器上端，负载电压的大小和极性与 u_2 在正半周时相同。当电源电压由负值 u_2 过零时，晶闸管 VTH_2 阻断。

u_2 的下一个周期将重复上述过程，波形如图 8.9（b）所示。

8.3.2.2 电量计算

负载上电压的平均值为单相半波可控整流电路的 1 倍：

$$U_d=\frac{1}{\pi}\int_0^{\pi}\sqrt{2}U_2\sin(\omega t)\,\mathrm{d}(\omega t)=\frac{0.9U_2(1+\cos a)}{2} \tag{8.5}$$

电路带电阻性负载，负载电流的平均值为

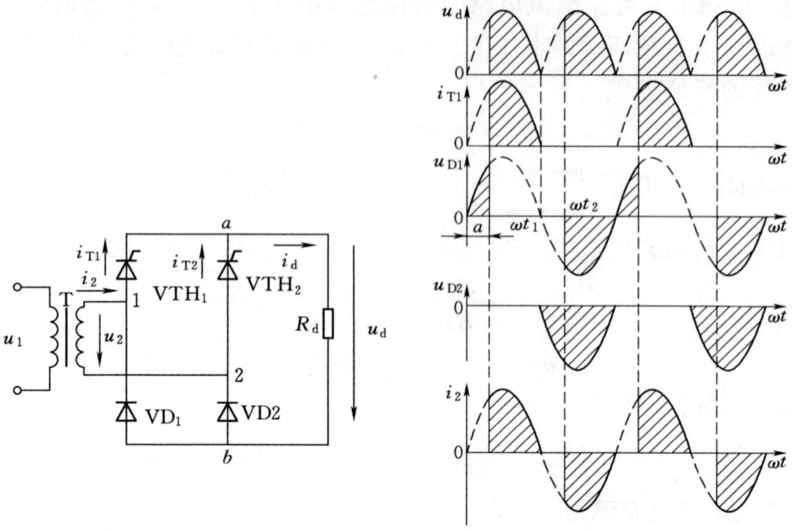

(a) 电路图　　(b) 波形图

图 8.9　单相半控桥式整流电路

$$I_d=\frac{U_d}{R_L}=\frac{0.9U_2(1+\cos a)}{2R_L} \tag{8.6}$$

流过晶闸管和二极管的平均电流为负载电流的一半

$$I_v=\frac{I_d}{2} \tag{8.7}$$

晶闸管及整流二极管承受的最大正、反向电压相等，均为

$$U_{DM}=\sqrt{2}U_2 \tag{8.8}$$

当 $\alpha=0$ 时，晶闸管全导通，输出的电压平均值达到最大，$U_d=0.9U_2$；当 $\alpha=\pi$ 时，晶闸管全阻断，输出的电压平均值达到最小，$U_d=0$。移相范围为 $0\sim\pi$。

【例 8.2】 单相桥式半控整流电路，交流输入电压为 220V，负载的阻值为 20Ω，当控制角 $\alpha=30°$时，求负载两端的电压平均值 U_d、流过晶闸管的电流的平均值 I_v、导通角 θ 以及晶闸管承受的峰值电压。

解：

$$U_d=0.9U_2\ \frac{1+\cos\alpha}{2}=0.9\times220\times\frac{1+\cos30°}{2}=184.64(\text{V})$$

流过晶闸管的电流的平均值为

$$I_v=\frac{1}{2}I_d=\frac{1}{2}\frac{U_d}{R_d}=\frac{1}{2}\times\frac{184.64}{20}=4.6(\text{A})$$

导通角：　　$\theta=\pi-\alpha=180°-30°=120°$

晶闸管承受的峰值电压为

$$U_{DM}=\sqrt{2}U_2=\sqrt{2}\times220=311(\text{V})$$

8.3.2.3　感性负载单相桥式半控整流电路

前面讨论的单相桥式可控整流电路都是电阻性负载电路，而实际上遇到的负载大多是电感性的，如电动机的励磁绕组。但应该清楚的是，在电感性负载可控整流电路中，负载两端必须并联续流二极管，为电感提供放电通路，防止电感产生过高的感生电动势而损坏整流器件，产生失控现象。图 8.10 为带感性负载的半控桥式整流电路，其中 VD 是续流二极管。感性负载单相桥式半控整流电路接续流二极管的输出平均电压及平均电流的计算公式与电阻性负载情形相同。

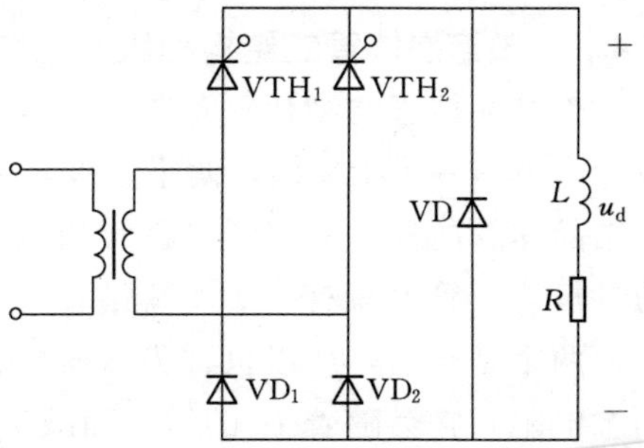

图 8.10　感性负载的半控桥式整流电路

8.4　晶闸管触发电路

要使晶闸管导通，除了在阳极和阴极之间加上正向电压外，还必须在门极加上适当脉冲信号作为触发电压。为门极提供触发脉冲的电路称为触发电路，为了保证可靠地触发，触发电路必须满足一定的要求：

(1) 触发脉冲应有一定的宽度，一般晶闸管的开通时间约为 6μs，故要求触发脉冲的宽度应为 20～50μs。

(2) 触发脉冲上升沿要陡，一般要求前沿时间小于 10μs，以保证触发的可靠性。

(3) 触发脉冲应有足够的功率，一般要求触发电压 $U_g \geqslant 4V$，$I_g \geqslant 200mA$，具体的数值要根据所选用的晶闸管而定。

(4) 触发脉冲与主电路交流电源电压必须同步，这样才能保证晶闸管在每一个周期的触发时刻都相同。

(5) 触发脉冲应有足够的移相范围，这样才能达到可控的目的。

(6) 为了避免误导通，不触发时，触发输出的漏电压小于 0.15V。

常见的晶闸管触发电压波形如图 8.11 所示。

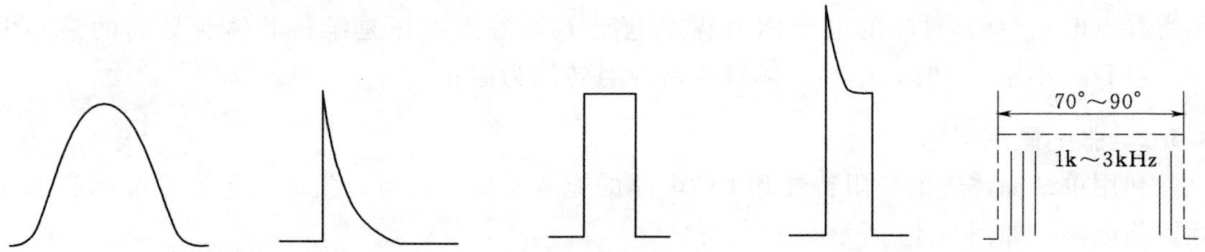

(a) 正弦波　(b) 尖脉冲　(c) 方波或方脉冲　(d) 强触发脉冲　(e) 脉冲列

图 8.11　常见的晶闸管触发电压波形

触发电路的类型很多，由于单结晶体管触发电路具有结构简单、调试方便、触发脉冲前沿陡、抗干扰能力强等优点，应用十分广泛。下面，我们来介绍单结晶体管触发电路。

8.4.1　单结晶体管的结构和伏安特性

单结晶体管的结构示意图、符号和等效电路如图 8.12 所示。单结晶体管又称为双基极管，具有一个 PN 结，两个基极，分别称为第一基极 B_1 和第二基极 B_2；一个发射极 E。单结晶体管的外形和普通三极管相似，也有三个电极，但不是三极管，而是具有三个电极的二极管，管内只有一个 PN 结，所以称之为单结晶体管。在三个电极中，一个是发射极，两个是基极，所以也称为双基极二极管。等效电路如图 8.12（c）所示，其中 R_{B1} 为动态电阻，它会随着 I_E 的增大而减小。

单结晶体管伏安特性是指在第二基极 B_2 与第一基极 B_1 之间加上固定直流正向电压时，发射极电流 I_E 与发射极正向电压 U_{EB1} 之间的关系曲线，如图 8.13 所示。

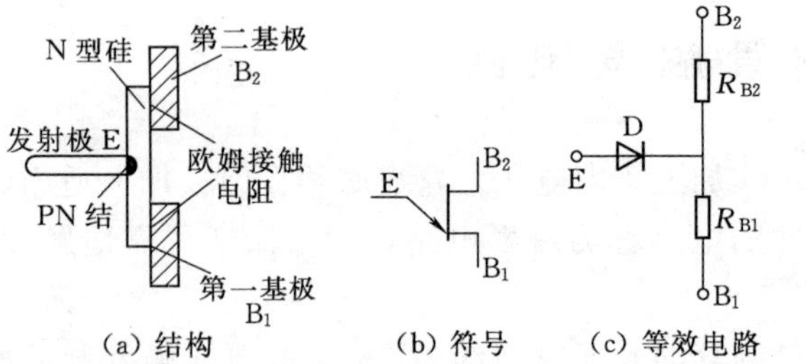

图 8.12　单结晶体管的结构示意图和等效电路

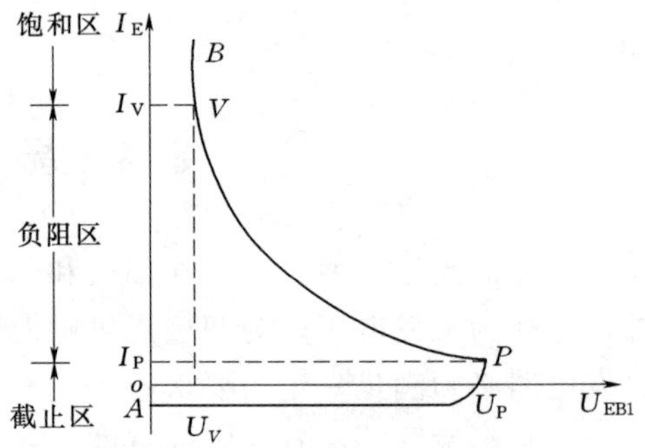

图 8.13　单结晶体管的伏安特性

单结晶体管的伏安特性分为三个区域：

（1）截止区。P 点处的电压 U_P 称为峰点电压，相对应的电流称为峰点电流 I_P。当外加电压 U_{EB1} 小于 U_P 时，单结晶体管的 PN 结承受反向电压，发射极上只有很小的反向电流通过，单结管处于截止状态，如图 8.13 中的 AP 段所示。

（2）负阻区。当 U_{EB1} 大于 U_P 时，PN 结正偏，等效电路中的二极管导通，I_E 增大，R_{B1} 减小，进入一个正反馈过程，呈负阻状态，如图 8.13 中的 PV 段所示。

（3）饱和区。当 U_E 降低到谷点 V 以后，I_E 增加，U_E 也有所增加，单结晶体管进入饱和区，如图 8.13 中的 VB 段所示。负阻区与饱和区的分界点 V 称为谷点，该点的电压称为谷点电压 U_V，对应的电流称为谷点电流 I_V，谷点电压是维持晶体管导通的最小电压。当 U_{EB1} 小于 U_V 时，单结晶体管将由导通转换为截止。

8.4.2　张弛振荡电路

利用单结晶体管的负阻特性和 RC 电路的充放电特性，可以组成用于触发晶闸管的张弛振荡电路，如图 8.14 所示。

设电容 C 两端初始电压为 0。当开关 S 闭合后，电源通过 R_1、R_2 加到单结管的两个基极上，同时又通过 R、R_P 向电容器 C 充电，电容的电压 u_C 按指数规律上升。在 u_C（$u_C=u_E$）$<U_P$ 时，单结管截止，R_1 两端输出电压近似为 0。

当 u_C 达到峰点电压 U_P 时，单结管的 E 极和 B_1 极之间突然导通，进入负阻区，电阻 R_{B1} 急剧减小，电容 C 通过 R_{B1}、R_1 放电。由于 R_{B1}、R_1 都很小，放电速度很快，放电电

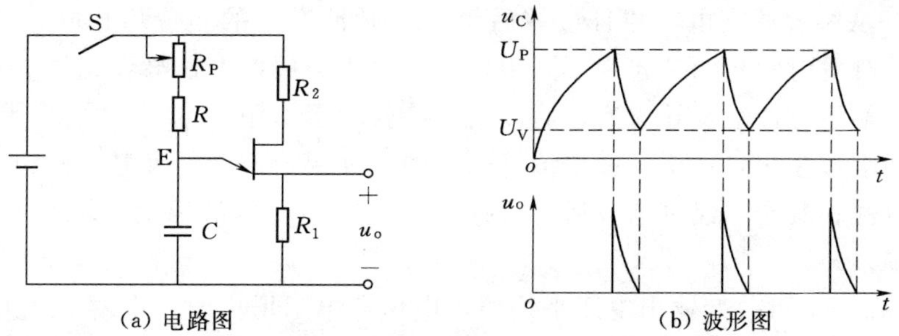

图 8.14 单结晶体管张弛振荡器

流在 R_1 上输出一个脉冲电压 u_o 去触发晶闸管。

当 u_C 下降到谷点电压 U_V 时，单结晶体管关断，输出电压 u_o 下降到零，完成一次振荡。放电结束后，电容又开始充电，重复上述过程，在电容 C 上产生锯齿波电压，R_1 得到一个周期性的尖脉冲电压，如图 8.14（b）所示。

以上电路中，R_1 不能太小，否则电容 C 放电太快，输出脉冲太小，不能可靠地触发晶闸管；R_1 也不能太大，否则单结晶体管的漏电流在 R_1 上产生的压降太大，会造成误触发。取值一般为 50～100Ω。

8.4.3 单结晶体管同步触发电路

如直接用单结晶体管振荡电路输出的脉冲电压去触发可控整流电路的晶闸管，负载上的电压波形是不规则的，因为触发电路与主电路晶闸管没有保持电压的同步。解决这个问题的方法是将主电路和触发电路接在同一电源上，如图 8.15 所示。

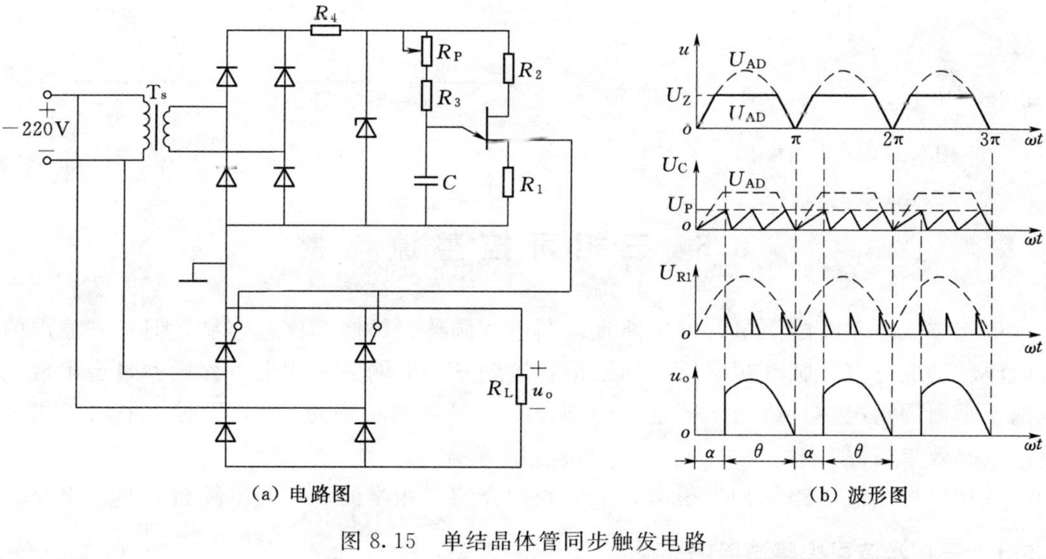

图 8.15 单结晶体管同步触发电路

在电路图 8.15 中，T_S 为同步变压器，它保证了提供给主电路和触发电路的二次侧电压频率保持一致。下半部分为主回路，是一个单相半控桥式整流电路。上半部分为单结晶体管触发电路，二次侧交流电压经过整流桥整流、稳压管削波后得到的梯形波电压作为触发电路的电源电压，也作为同步信号。梯形波过零点时，使电容 C 放电到 0，保证了下一

个周期电容 C 从零开始充电，并且过零后第一个脉冲产生的相位均相同，也就是对主电路每个周期的触发时间相同，起到了同步作用。每半个周期中，电容充放电不止一次，晶闸管被第一个触发脉冲触发导通后，后面的脉冲就不起作用了。

电路中的削波作用是稳压，使单结管输出的脉冲幅值不受交流电源波动的影响，提高了脉冲的稳定性；其次，经过削波后，可提高交流同步电压的幅值，增加梯形波的陡度，扩大移相范围。

调整电位器 R_P 可改变输出电压平均值，电位器电阻增大时，电容 C 充电变慢，使每一周期出现第一个脉冲的时间推迟，即控制角增大，则晶闸管的导通角和输出电压平均值都变小。因此，调节电位器 R_P，就可达到调压的目的。

8.4.4　双向二极管触发电路

双向二极管，又称为双向触发二极管，可以看成是一个没有门极的双向晶闸管，图形符号及伏安特性如图 8.16 所示。它具有负阻特性，可加正向或反向电压，只要二极管两端的电压达到转折电压时，二极管就导通，进入负阻区，两端电压急速下降，可构成如图 8.17 所示的交流调压电路。

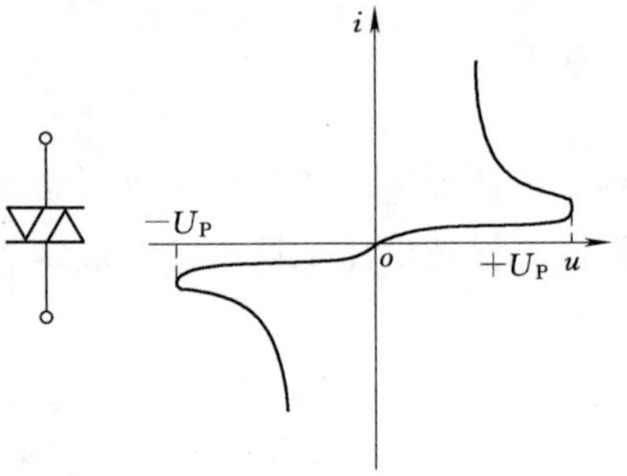

(a) 图形符号　(b) 伏安特性

图 8.16　双向二极管

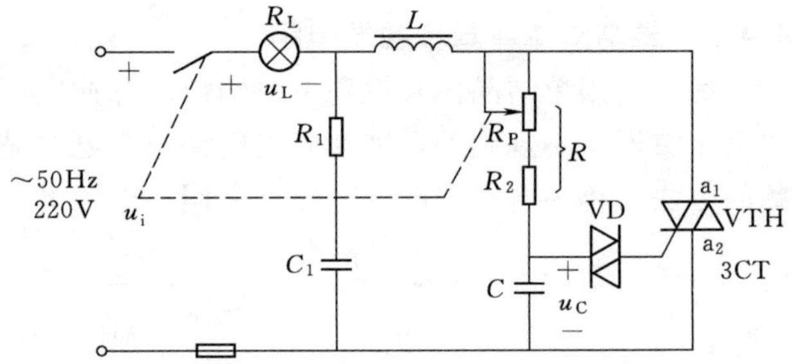

图 8.17　单相交流调压电路

8.5　三相可控整流电路

单相整流电路线路简单，价格便宜，制造、调整、维修都比较容易，但是它输出的直流电压脉动成分多，脉动频率低，如果把它接到三相电网的一相上，容量大时会出现三相电网不平衡的情况，只适用于容量小的场合。一般负载功率超过 4kW 时，采用三相可控整流电路效果较好。

三相可控整流电路的种类很多，下面我们介绍三相半波和三相半控桥式整流电路。

8.5.1　三相半波可控整流电路

8.5.1.1　电阻性负载

三相半波可控整流电路如图 8.18 所示，电源由三相整流变压器提供或直接由三相四线制交流电网提供。变压器一次侧接成三角形，二次侧接成星形，三个整流晶闸管 VTH_1、VTH_2、VTH_3 的阴极连在一起，称为共阴极接法。

三相电源中，哪一相对应的晶闸管阳极电压最高，则哪一相晶闸管承受正向电压，这时，可加触发电压触发其导通。三相电压的正向波形交点，为每一相晶闸管开始承受正向电压的时刻，因此，每个晶闸管控制角从各自的这一时刻开始算起，这些交点称为自然换相点。

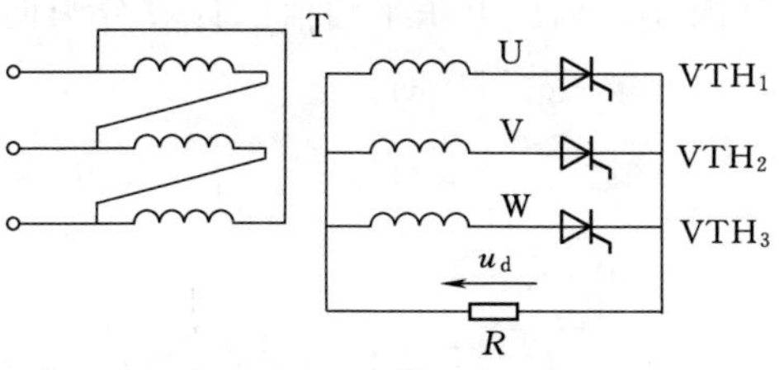

图 8.18 三相半波可控整流电路（共阴极接法）

如图 8.18 所示，假设电路已经在工作，W 相的 VTH_3 已导通，输出电压波形为 u_W，当经过自然换向点 1 时，U 相电压最大，VTH_1 已承受正向电压，但因没有触发脉冲，它不能导通，VTH_3 继续导通。$\alpha=30°$时，发出触发脉冲，这时，阳极电压最高的 VTH_1 导通，同时 VTH_3 承受反向电压关断，输出电压由 u_W 换为 u_U。同理，经过自然换向点 2 时，VTH_1 继续导通，当 $\alpha=30°$，阳极电压最高的 VTH_2 导通，同时 VTH_1 承受反向电压关断，输出电压由 u_U 换为 u_V。

各相就这样一次轮流导通，得到如图 8.19 的波形，这时的电压波形是恰好连续，而当 $\alpha>30°$以后，则电压波形变为断续。

如图 8.18 所示，假设电路已经在工作，W 相的 VTH_3 已导通，输出电压波形为 u_W，当经过自然换向点 1 时，U 相电压最大，VTH_1 已承受正向电压，但因没有触发脉冲，它不能导通，VTH_3 继续导通。$\alpha=30°$时，即 W 相电压过 0 点，VT_3 承受反相电压关断，这时，没有任何晶闸管导通，输出电压为 0。波形出现断续，当 $\alpha=60°$时，VTH_1 才接到触发电压导通，这时，输出电压为 u_U。其他两相亦如此，得到图 8.20 的波形。

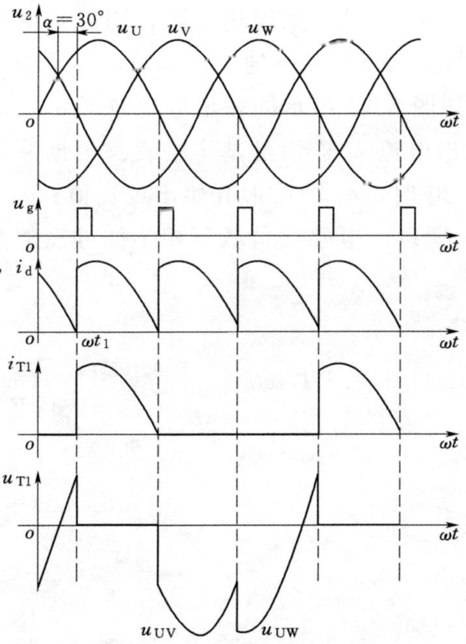

图 8.19 三相半波可控整流电路电阻性负载 $\alpha=30°$时的波形

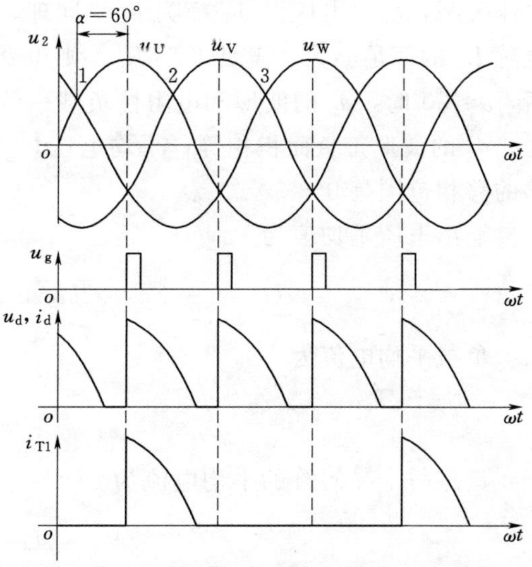

图 8.20 三相半波可控整流电路电阻性负载 $\alpha=60°$时的波形

因此，输出电压平均值的计算分为两段：

（1）$0° \leqslant \alpha \leqslant 30°$时：

$$U_d = \frac{3}{2\pi}\int_{\frac{\pi}{6}+\alpha}^{\frac{5\pi}{6}+\alpha} \sqrt{2}U_2 \sin(\omega t)\mathrm{d}(\omega t) = 1.17U_2\cos\alpha \tag{8.9}$$

（2）$30° < \alpha \leqslant 150°$时：

$$U_d = \frac{3}{2\pi}\int_{\frac{\pi}{6}+\alpha}^{\pi} \sqrt{2}U_2 \sin(\omega t)\mathrm{d}(\omega t) = 0.675U_2\left[1+\cos\left(\frac{\pi}{6}+\alpha\right)\right] \tag{8.10}$$

当$\alpha=0°$时，输出电压最大，当$\alpha=150°$时，输出电压最小，此电路的移相范围是$0°\sim150°$。

电路为电阻性负载，负载平均电流为

$$I_d = \frac{U_d}{R_d} \tag{8.11}$$

晶闸管是轮流导通的，流过每个晶闸管的平均电流为

$$I_{dVT} = \frac{1}{3}I_d \tag{8.12}$$

晶闸管承受的最大电压为

$$U_{VTM} = \sqrt{6}U_2 \tag{8.13}$$

8.5.1.2　电感性负载

如图 8.21 所示，以$\alpha=60°$为例。假设电路已经在工作，W 相的 VTH_3 已导通，输出电压波形为 u_W，当经过自然换向点 1 时，U 相电压最大，VTH_1 已承受正向电压，但因没有触发脉冲，它不能导通，VTH_3 继续导通。$\alpha=30°$时，即 W 相电压过 0 点，流过电感上的电流减小，但因在电感上产生的感应电动势对 VTH_3 来说仍为正，因此它继续导通，输出电压出现负值。直到$\alpha=60°$时，VTH_1 接到触发脉冲导通了，VTH_3 才承受反向电压关断，输出电压由 u_W 换为 u_U。同理，得到如图 8.21 所示的输出电压波形 u_d。假设电感 L_d 的值足够大，满足 $L_d \gg R_d$，则电路的输出电流 i_d 连续且基本平直。根据波形分析，$\alpha \leqslant 30°$时，u_d 的波形和电阻性负载一致；$\alpha > 30°$时，u_d 的波形开始出现负值；$\alpha=90°$时，u_d 的波形正负面积相等，平均电压 U_d 为 0。所以，电感性负载三相半波可控整流电路的移相范围是$0°\sim90°$。

输出电压平均值为

$$U_d = \frac{3}{2\pi}\int_{\frac{\pi}{6}+\alpha}^{\frac{5\pi}{6}+\alpha} \sqrt{2}U_2 \sin(\omega t)\mathrm{d}(\omega t) = 1.17U_2\cos\alpha \tag{8.14}$$

负载平均电流为

$$I_d = \frac{U_d}{R_d} \tag{8.15}$$

流过每个晶闸管的平均电流为

$$I_{dVT} = \frac{1}{3}I_d \tag{8.16}$$

晶闸管承受的最大电压为

$$U_{VTM} = \sqrt{6}U_2 \tag{8.17}$$

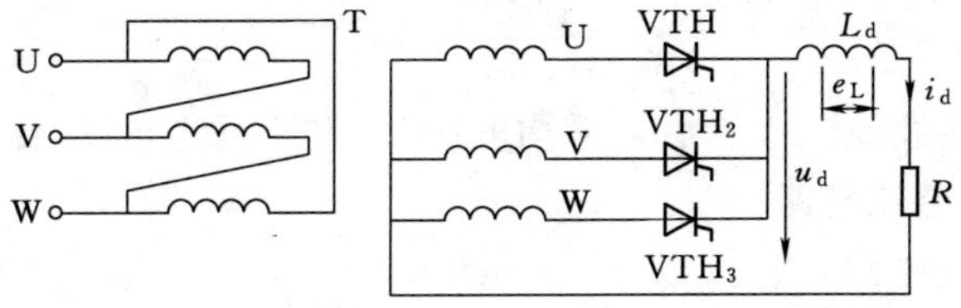

(a) 三相半波可控整流电路电阻-电感负载

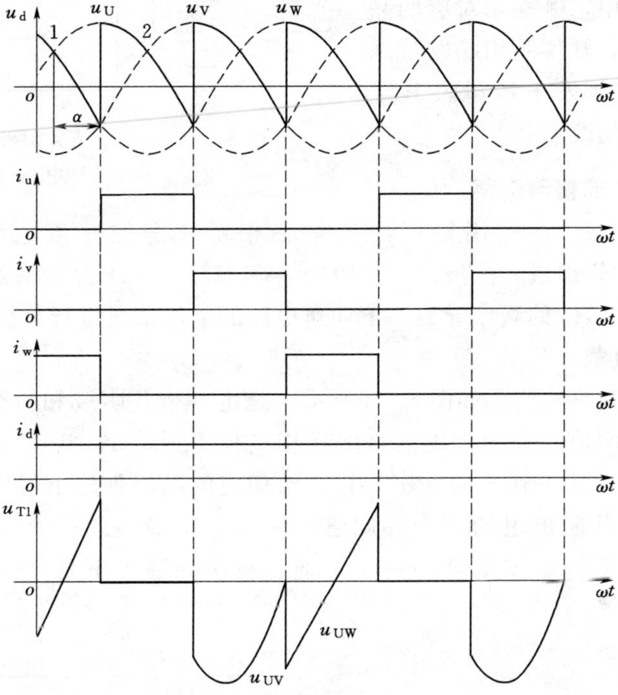

(b) $\alpha=60°$时的波形

图 8.21 三相半波可控整流电路电阻-电感负载及波形

为避免波形为负值，可在大电感负载两端并接续流二极管，以提高输出电压平均值，改善负载的平稳性，将移相范围扩大至 0°～150°，此时，电路的平均电压和平均电流与电阻性负载一致。

【例 8.3】 三相半波可控整流电路，大电感负载 $\alpha=60°$，已知电感内阻 $R=2\Omega$，电源电压 U_2 为 220V。试计算不接续流二极管与接续流二极管两种情况下的平均电压 U_d 和平均电流 I_d。

解：(1) 不接续流二极管时：

$$U_d=1.17U_2\cos\alpha=1.17\times220\times\cos60°=128.7(\text{V})$$

$$I_d=\frac{U_d}{R_d}=\frac{128.7}{2}=64.35(\text{A})$$

(2) 接续流二极管时：

$$U_d=0.675U_2\left[1+\cos\left(\frac{\pi}{6}+\alpha\right)\right]=0.675\times220\times[1+\cos(30°+60°)]=148.5(\text{V})$$

$$I_d=\frac{U_d}{R_d}=\frac{148.5}{2}=74.25(A)$$

通过计算比较，接续流二极管后，平均电压 U_d 和平均电流 I_d 提高了。

8.5.1.3　共阳极可控整流电路

三相半波可控整流电路，也可以把三个晶闸管接成共阳极，如图 8.22 所示。这时三相电源中，哪一相对应的晶闸管阴极电压最低，则哪一相晶闸管承受正向电压，可加触发电压触发其导通。输出电压为负的波形。

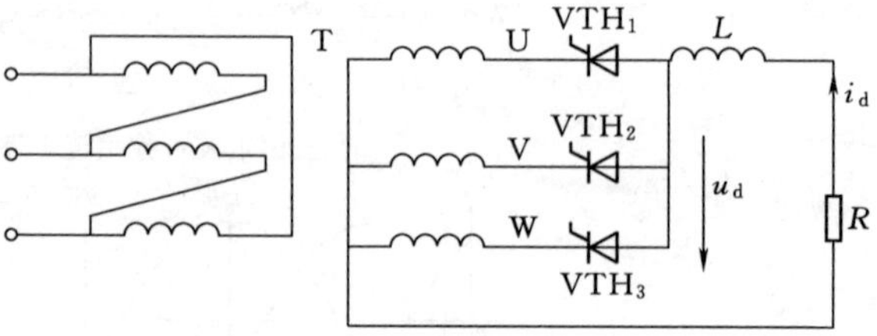

图 8.22　三相半波共阳极接法整流电路带电阻-电感负载

8.5.2　三相全控桥式整流电路

在各种整流电路中，应用最广泛的是三相桥式全控整流电路。它是由 VTH_1、VTH_3、VTH_5 晶闸管组成共阴极组，VTH_2、VTH_4、VTH_6 晶闸管组成共阳极组，晶闸管按从 VTH_1 到 VTH_6 的顺序导通。下面对电路的工作情况进行分析。

8.5.2.1　电阻性负载

三相桥式全控整流电路，如图 8.23 所示，是由一个共阴极和一个共阳极的三相半波可控整流电路拼接而成。共阴极组的自然换相点是 1、3、5，共阳极组自然换向点是 2、4、6，在这六个点按从 1 到 6 的顺序，轮流给相应的晶闸管送上触发脉冲来触发这六只晶闸管导通，对于共阴极组的三个晶闸管，阳极电位最高的一个导通，对于共阳极组的三个晶闸管，则阴极电压最低的一个导通，每次导通上下各一个晶闸管，输出电压为线电压。

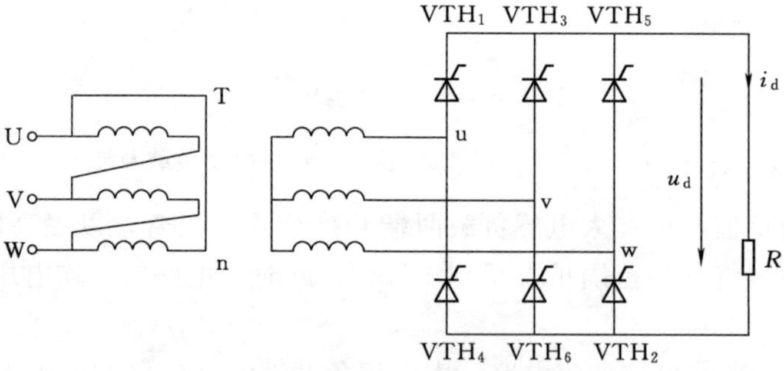

图 8.23　三相全控桥式整流电路带电阻负载

例如，当 $\alpha=0°$ 时，自然换相点 1 时触发阳极电位最高的 VHT_1 导通，其阴极电位为 U 相电位，此时，共阳极组中的 VHT_6 阴极电位最低，之前已触发处于导通状态，阳极电位为 V 相电位，这时，输出电压 $u_d=u_{uv}$，为线电压的一部分。自然换相点 2 时，阴极电位最低的由 VHT_6 换成 VHT_2，这时触发 VHT_2 导通，它的阳极电位为 W 相电位，这时，输出电压 $u_d=u_{uw}$，自然换相点 3 时，阳极电位最高的由 VHT_1 换成 VHT_3，这时触发 VHT_3 导通，它的阴极电位为 V 相电位，这时，输出电压 $u_d=u_{vw}$。以后每隔 60°都有一个晶闸管换相。晶闸管导通的顺序为：$VHT_1\rightarrow VHT_2\rightarrow VHT_3\rightarrow VHT_4\rightarrow VHT_5\rightarrow$

VHT_6，输出线电压的顺序为 $u_{uv} \to u_{uw} \to u_{vw} \to u_{vu} \to u_{wu} \to u_{wv}$。输出电压的波形为，线电压在正周期的包络线，如图 8.24 所示。

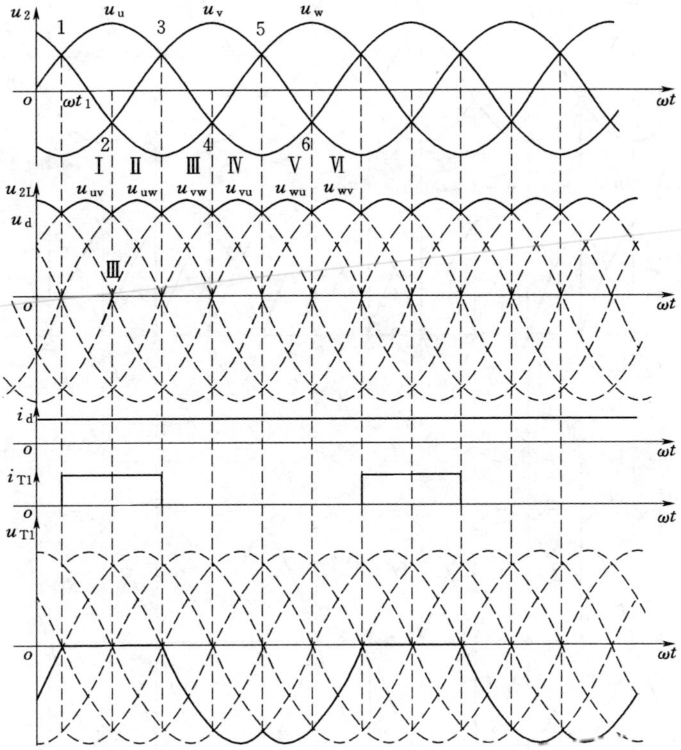

图 8.24 三相全控桥式整流电路电阻负载 $\alpha=0°$时的波形

当 $\alpha=60°$时，输出波形如图 8.25 所示，这时输出电压的波形处于连续的临界点。当 $\alpha>60°$时，由于前一组导通的晶闸管输出线电压过零，使晶闸管承受反向电压关断，而下一组晶闸管的触发脉冲还没有到来，这时输出电压波形出现断续，当 α 继续增大到 120°时，输出电压将变为 0，因此，三相桥式全控整流电路的移相范围是 0°～120°。

输出电压平均值的计算分为两段：

(1) $0° \leqslant \alpha \leqslant 60°$时：

$$U_d = \frac{1}{\pi/3}\int_{\frac{\pi}{3}+\alpha}^{\frac{2\pi}{3}+\alpha} \sqrt{6}U_2\sin(\omega t)\mathrm{d}(\omega t) = 2.34U_2\cos\alpha \tag{8.18}$$

(2) $\alpha>60°$时：

$$U_d = \frac{1}{\pi/3}\int_{\frac{\pi}{3}+\alpha}^{\pi} \sqrt{6}U_2\sin(\omega t)\mathrm{d}(\omega t) = 2.34U_2\left[1+\cos\left(\frac{\pi}{3}+\alpha\right)\right] \tag{8.19}$$

电路为电阻性负载，负载平均电流为

$$I_d = \frac{U_d}{R_d} \tag{8.20}$$

晶闸管是轮流导通的，流过每个晶闸管的平均电流为

$$I_{dVT} = \frac{1}{3}I_d \tag{8.21}$$

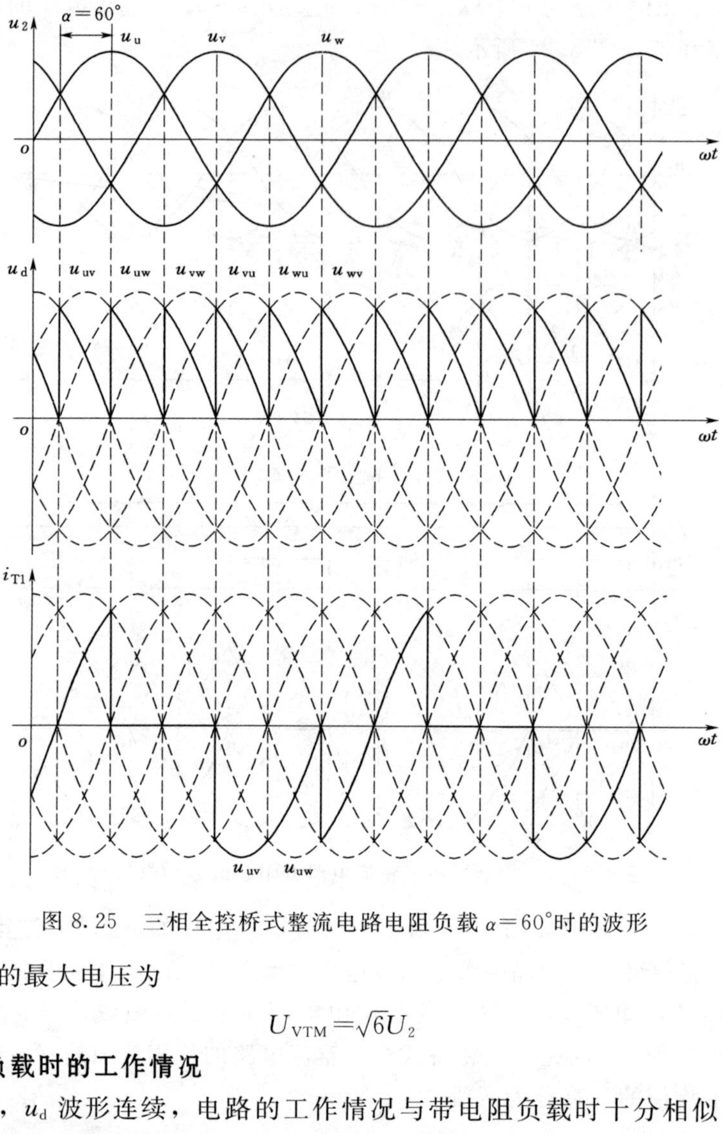

图 8.25　三相全控桥式整流电路电阻负载 $\alpha=60°$时的波形

晶闸管承受的最大电压为

$$U_{VTM}=\sqrt{6}U_2 \tag{8.22}$$

8.5.2.2　阻感负载时的工作情况

当 $\alpha\leqslant60°$时，u_d 波形连续，电路的工作情况与带电阻负载时十分相似，各晶闸管的通断情况、输出整流电压 u_d 波形、晶闸管承受的电压波形等都一样。区别在于负载不同时，同样的整流输出电压加到负载上，得到的负载电流 i_d 波形不同，电阻负载时 i_d 波形与 u_d 的波形形状一样。而阻感负载时，由于电感的作用，使得负载电流波形变得平直，当电感足够大的时候，负载电流的波形可近似为一条水平线。

当 $\alpha>60°$时，阻感负载时的工作情况与电阻负载时不同，由于电感 L 的作用，u_d 波形会出现负的部分，而电阻负载时 u_d 波形不会出现负的部分。当 $\alpha=90°$时，若电感 L 值足够大，u_d 中正负面积将基本相等，u_d 平均值近似为零，如图 8.26 所示。这表明，带阻感负载时，三相桥式全控整流电路的 α 角移相范围为 0°～90°。

输出电压的平均值为

$$U_d=\frac{1}{\pi/3}\int_{\frac{\pi}{3}+\alpha}^{\frac{2\pi}{3}+\alpha}\sqrt{6}U_2\sin(\omega t)\,\mathrm{d}(\omega t)=2.34U_2\cos\alpha \tag{8.23}$$

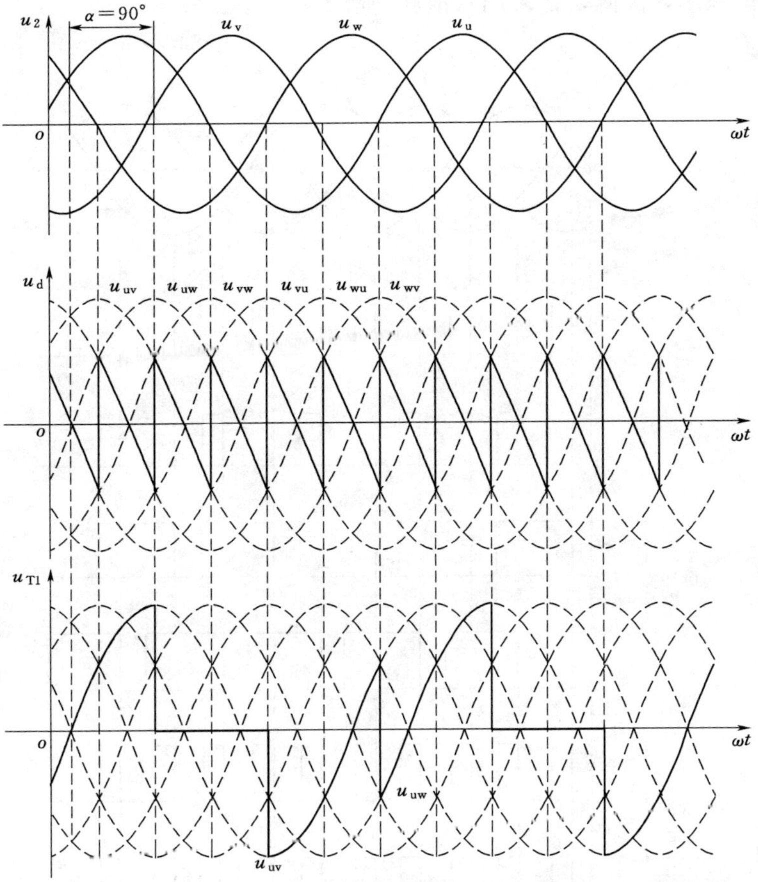

图 8.26　三相全控桥式整流电路电阻-电感负载 $\alpha=90°$时的波形

负载平均电流为

$$I_d=\frac{U_d}{R_d} \tag{8.24}$$

晶闸管是轮流导通的，流过每个晶闸管的平均电流为

$$I_{dVT}=\frac{1}{3}I_d \tag{8.25}$$

晶闸管承受的最大电压为

$$U_{VTM}=\sqrt{6}U_2 \tag{8.26}$$

8.5.2.3　对触发脉冲的要求

为了保证电路合闸后能工作，或在电流断续后再次工作，需同时保证导通的两个晶闸管均获得脉冲。有两种方法可以采用，如图 8.27 所示：一种是加单宽脉冲，即每个脉冲的宽度大于 60°，则可以保证上一晶闸管换到下一晶闸管导通时，后一触发脉冲出现，但前一触发脉冲还没有消失，保证了任一换相时刻都使两只晶闸管触发导通；另一种是双窄脉冲，即每个触发脉冲宽度约 20°，在给某个晶闸管送触发脉冲的同时，也给前一相晶闸管补发一个脉冲。双窄脉冲输出的数量虽多，但所需的触发电路输出功率小，变压器铁芯

绕组匝数少、体积小，因此，常采用双窄脉冲触发电路。

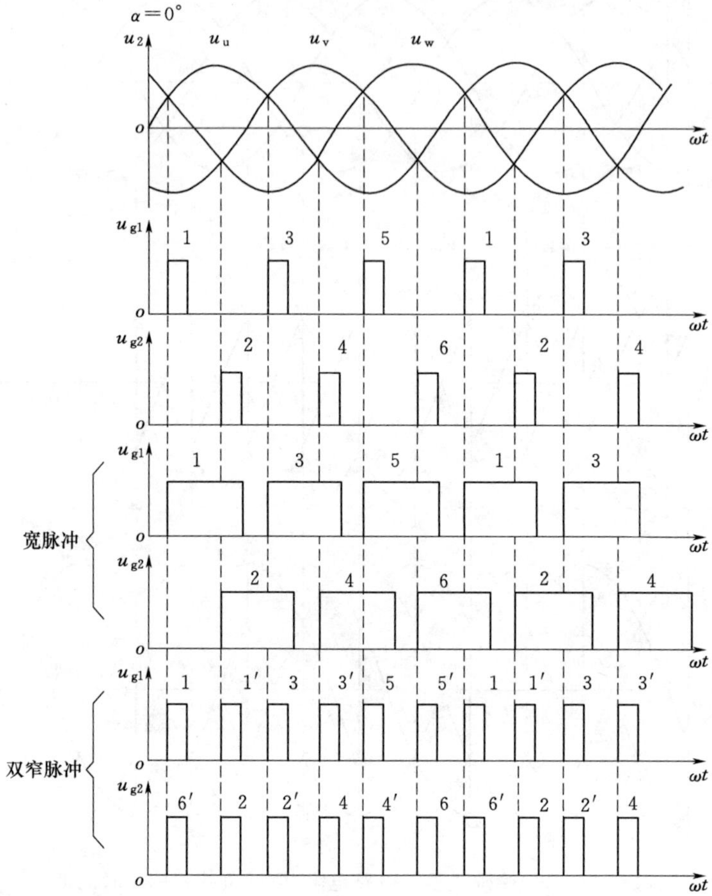

图 8.27　三相桥式全控整流电路的触发脉冲

小　结

(1) 单向晶闸管导通的条件是：在阳极与阴极间加正向电压，控制极加正向电压。当晶闸管触发导通后，控制极失去控制作用。当阳极电流小于的维持电流或阳极-阴极间电压反向时，晶闸管重新阻断。

(2) 晶闸管是利用小触发信号导通来控制大电流，组成单相或三相可控整流电流，通过改变晶闸管的导通角 θ，将输入交流电整流成平均值可调的直流电。

(3) 具有负阻特性的单结晶体管可以组成张弛振荡器，作为单向晶闸管的触发电路；实际应用中，要注意解决主电路与触发电路的同步问题，以保证可控整流可靠进行。

(4) 对于纯电阻负载的可控整流电路，电流波形与电压波形相似，对于阻感性负载，输出电流平直，为了避免失控现象，通常在负载两端并接续流二极管。

(5) 三相可控整流电路的自然换相点，为相邻相电压的交点。

练　习　题

1. 填空题

（1）普通晶闸管导通的条件是：阳极与阴极之间加________电压，门极和阴极之间加________电压。

（2）普通晶闸管阻断的条件是：阳极电流小于晶闸管的________或在阳极与阴极之间加________电压。

（3）用晶闸管组成的可控整流电路是通过改变晶闸管的________来改变直流输出电压的。

（4）在单相半波可控整流电阻性负载电路中，晶闸管控制角 α 的移相范围是________。

（5）电阻性负载三相半波可控整流电路中，晶闸管所承受的最大正反向电压是________，晶闸管控制角 α 的移相范围是________，使负载电压连续的条件是________。

（6）三相桥式全控整流电路带电阻性负载，共阴极组中处于通态的晶闸管的阳极电压最________，共阳极组中处于通态的晶闸管的阴极电压最________，该电路晶闸管控制角 α 的移相范围是________，使负载电压连续的条件是________。

2. 选择题

（1）单相晶闸管内部有（　　）个 PN 结。

A. 1　　B. 2　　C. 3　　D. 4

（2）单结晶体管内部有（　　）个 PN 结。

A. 1　　B. 2　　C. 3　　D. 4

（3）晶闸管可控整流电路必须采用（　　）触发，才能获得稳定的直流电压。

A. 同步　　B. 异步　　C. 同步或异步　　D. 同步和异步

（4）双向触发二极管可看作是（　　）。

A. 一个没有门极的双向晶闸管　　B. 两个反向并接的二极管

C. 两个反向并接的稳压管　　D. 两个反向并接的晶闸管

（5）单相桥式可控整流电路，带电感性负载，为了防止电路失控，可在负载两端并接（　　）。

A. 续流二极管　　B. 整流二极管　　C. 开关二极管　　D. 整流晶闸管

（6）三相桥式全控整流电路，带电感性负载，控制角 α 的移相范围是（　　）。

A. 0°～30°　　B. 0°～60°　　C. 0°～90°　　D. 0°～120°

3. 计算分析题

（1）有一单相半波可控整流电路，负载电阻 $R_L=10\Omega$，直接由 220V 网供电，控制角 $\alpha=30°$。试计算整流电压的平均值、整流电流的平均值和晶闸管承受的最大电压。

（2）有一电阻性负载，它需要可调的直流电压 $U_o=0\sim60V$，电流 $I_o=0\sim10A$。现采用单相桥式半控整流电路，试计算变压器副边的电压。

(3) 在电阻性负载单相桥式半控整流电路中，直接输入 220V、50Hz 交流电压，$R_L=50\Omega$。当导通角为 90°时，输出电压和输出电流的平均值是多少？

(4) 三相半波可控整流电路，电阻性负载，已知交流输入 $U_2=220V$，$R_d=20\Omega$，当 $\alpha=90°$时，计算整流电压的平均值、整流电流的平均值和晶闸管承受的最大电压。

(5) 大电感负载的三相半波可控整流电压，已知交流输入 $U_2=110V$，$R_d=0.2\Omega$，当 $\alpha=45°$时，计算整流电压的平均值、整流电流的平均值、流过晶闸管的电流平均值。若接续流二极管，上述值又是多少？

(6) 三相全控桥式整流电路，电阻性负载，已知交流输入 $U_2=220V$，$R_d=2\Omega$，当 $\alpha=30°$时，计算整流电压的平均值、整流电流的平均值、流过晶闸管的电流平均值。

(7) 三相全控桥式整流电路，电感性负载，已知交流输入 $U_2=110V$，$R_d=0.2\Omega$，当 $\alpha=45°$时，计算整流电压的平均值、整流电流的平均值、流过晶闸管的电流平均值。

参 考 文 献

[1] 王川. 模拟电子技术应用基础 [M]. 北京：电子工业出版社，2011.

[2] 郑晓峰. 模拟电子技术基础 [M]. 北京：中国电力出版社，2005.

[3] 田培成，沈任元，吴勇. 模拟电子技术基础 [M]. 北京：机械工业出版社，2015.

[4] 丁德渝，徐静. 电子技术基础 [M]. 北京：中国电力出版社，2010.

[5] 高文华. 电力电子技术基础 [M]. 北京：机械工业出版社，2012.

[6] 刘峰. 电力电子技术 [M]. 大连：大连理工大学出版社，2006.

[7] 黄跃华，张钰玲. 模拟电子技术 [M]. 北京：中国电力出版社，2008.